Andreas Eschke

ASCHE

atb aufbau taschenbuch

Andreas Eschke, geboren 1969 in Berlin, arbeitete 15 Jahre lang bei der Berliner Feuerwehr und fuhr über 15.000 Einsätze. Heute lebt er auf einem Bauernhof am Rande Berlins.

Rocco Thiede lebt als Autor und Journalist in Berlin: www.roccothiede.de

Feuerwehrmänner sind moderne Helden und riskieren bei ihren Einsätzen nicht selten das eigene Leben oder die Gesundheit. Aber wer weiß schon, wie es hinter den Kulissen einer ganz normalen Feuerwache zugeht? Vom Flugzeugabsturz und brennenden Dachstühlen, der täglichen Begegnung mit dem Tod bis hin zum Schäferstündchen im Löschhaus und der Geburtstagsparty mit Wasserschlacht: der einmalige Blick eines Insiders, der mit abenteuerlichen, anrührenden, lustigen und grotesken Geschichten aus fünfzehn Jahren Einsatzdienst aufwarten kann.

Andreas Eschke

ASCHE
Aus dem Leben eines Feuerwehrmanns

Aufgezeichnet von Rocco Thiede

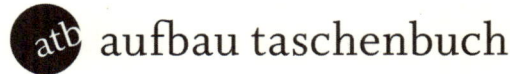
aufbau taschenbuch

ISBN 978-3-7466-3087-8

Aufbau Taschenbuch ist eine Marke
der Aufbau Verlag GmbH & Co. KG

1. Auflage 2014
© Aufbau Verlag GmbH & Co. KG, Berlin 2014
Umschlaggestaltung morgen, Kai Dieterich
unter Verwendung eines Bildes von Christian Popiela Fotografie
www.christian-popiela.com
Druck und Binden CPI - Clausen & Bosse, Leck
Printed in Germany

www.aufbau-verlag.de

INHALT

PROLOG
»Spring doch!«

Es ist ein lauer Frühlingsnachmittag, als das Alarmlicht angeht. »Person droht« lautet die Meldung aus der Leitstelle. Auf einem 18-stöckigen Hochhaus soll ein Mann stehen, der sich das Leben nehmen will. Mein Kumpel Steffen sagt dazu immer: »Wer wirklich springen will – ist schon unten, bevor wir kommen.« In Fällen, wo Menschen sich selbst töten wollen, stellen wir auf den letzten Kilometern das Signalhorn aus. Die Betreffenden sollen nicht noch mehr unter Stress geraten. Alles, was dazu beiträgt, die Situation zu entschärfen, wird unternommen. Eine laute Feuerwehrsirene könnte den in einer Krise steckenden Menschen in zusätzliche Panik versetzen, so dass unsere Bemühungen, ihm zu helfen, vergeblich wären.

Ich gehörte an diesem Nachmittag zum sogenannten Angriffstrupp. Steffen rannte mit mir schnell zu dem Haus, vor dem sich schon eine größere Menschenmenge versammelt hatte. In unmittelbarer Nähe gab es einen Kaiser's Supermarkt. Somit waren Neugierige und bösartige Gaffer, die es sich nicht verkneifen konnten, nach oben zu brüllen »Spring doch, spring doch!«, schnell vor Ort. Die Polizei war etwas früher als wir am Einsatzort gewesen und hatte bereits alles mit einem Band abgesperrt.

Zügig brachten wir den sogenannten »Sprungretter« in Position. Dieser pumpt sich mit Luft aus Pressluftflaschen selbst auf. Zwar gibt es auch noch die guten alten Sprungtücher, aber ab der zweiten Etage bringen die auch nichts mehr. Unser Zugführer machte sich unterdessen im Laufschritt auf zum Fahrstuhl, um den Versuch zu unternehmen, mit dem jungen Mann zu reden. Er war gerade im Eingang verschwunden, als Steffen rief: »Achtung, Asche! Er kommt.« Wir konnten uns gerade noch umdrehen und eng an die Hauswand stellen. Direkt neben uns kam der Mann auf. Ich habe das Bild noch vor Augen. Er fiel kopfunter, schlug aber nicht mit dem Kopf auf. Der Aufprall des Körpers verursachte ein eigenartiges Geräusch. Bis zu diesem Zeitpunkt verlief alles unblutig. Mehrmals schlug der Körper auf. Dabei muss der Mann sich schlimme innere Verletzungen zugezogen haben. Im Moment des Aufpralls entstand eine eigenartige Ruhe. Alles war still: kein Vogelzwitschern, Autohupen oder menschliche Stimmen drangen an meine Ohren. Mir schien, als ob alle Zuschauer, die mit oder ohne Einkaufstüten vor der Absperrung standen, die Luft anhielten. Einige drehten sich spontan um oder hielten sich die Augen zu. Ich erinnere mich an eine Polizistin, die die Schaulustigen in Schach halten sollte und die sich fünf Meter von uns entfernt übergeben musste. Ansonsten bekam ich von der Umgebung wenig mit.

Der Mann war sofort tot. Pro forma fühlte ich ihm noch den Puls und legte dann eine Decke über ihn. Auch unser Sprungretter kam nicht mehr zum Einsatz. Selbst wenn er voll Luft gewesen wäre, bestehen bei einer Höhe ab sechzehn Metern ernste Zweifel, dass er das Leben des Selbstmörders hätte retten können. Die Wucht, mit der ein menschlicher Körper ab einer gewissen Höhe auf die Erde prallt, ist oft gewaltig und für diese 3,50 mal 3,50 Meter großen Sprungretter zu groß, so dass das Gewicht des Fallenden die mit Luft gefüllte Pufferzone durchschlägt.

Was die Hintergründe für diesen tragischen Fall waren und warum sich der Mann das antat, in welcher Situation er lebte – all das erfahren wir Feuerwehrleute fast nie. Zwar sind wir betroffen, aber nicht persönlich, dadurch bleiben wir handlungsfähig. Mit seinem Tod war unser Einsatz beendet. Doch waren wir erfolglos? Was wir in der Zeit zwischen Alarm, Eintreffen am Einsatzort und dem schnellen, tragischen Ende tun konnten, hatten wir getan. Wir fuhren zurück zur Feuerwache …

1. Cowboy, Polsterer, Feuerwehrmann: Wie ich wurde, was ich bin

»Du wolltest doch bestimmt schon als Kind Feuerwehrmann werden, oder?« Diese oder ähnliche Fragen bekomme ich immer wieder gestellt. Und meine Antwort lautet stets: »Nein. Ich wollte Cowboy werden.« Dies führt in der Regel zu Fragezeichen im Gesicht meines Gesprächspartners. Also ergänze ich, ohne auf Nachfragen zu warten: »Irgendwann fiel mir aber auf, dass es diesen Berufszweig in der DDR nicht gab, und schwenkte auf etwas Reales um.«

Es ist eine Tatsache, dass ich im Unterschied zu vielen Steppkes eben kein Feuerwehrmann werden wollte. Als ich fünf Jahre alt war, standen bei mir Lokführer oder Kosmonaut und natürlich Cowboy als Berufswunsch an erster Stelle.

Gelernt hätte ich eigentlich auch gern Zimmermann, dieser alte Handwerksberuf interessierte mich sehr. Leider wurde auch daraus nichts, weil mir ein Arzt einen Rückenschaden attestierte. »Weiß der liebe Gott, wo du den herhast. Also bestimmt nicht von übermäßiger körperlicher Arbeit«, sagte damals mein Vater zu mir. Auch von meinen sportlichen

Aktivitäten, die sich sehr in Grenzen hielten, konnte mein Rücken keinen Schaden genommen haben.

So bewarb ich mich erst einmal als Matrose bei der Handelsmarine. Wieder wurde ich abgelehnt – wegen unserer Westverwandtschaft. Ich wollte eine coole, interessante Lehre anfangen, aber langsam gingen mir die Ideen aus. Dann kam mir mein Vater zu Hilfe. Er war Polsterer und erzählte mir freudestrahlend, dass er mir gerade, obwohl es eigentlich nur zwölf private Lehrstellen für Polsterer in Ostberlin gab, die dreizehnte Lehrstelle besorgt hatte. Beziehungen waren im Osten das halbe Leben.

Mein Ausbildungsbetrieb befand sich nicht weit von unserer Wohnung in Lichtenberg. Der Nachteil dieser Werkstatt: sie war klitzeklein und hatte nur zwei Angestellte, den Meister und mich. Wie soll das gehen?, dachte ich, weil ich keine Lust hatte, genau das zu werden, was mein Vater war. Aber entgegen meinen ursprünglichen Befürchtungen wurden es schöne Lehrjahre. Der Meister machte mir mit seinen Sprüchen Mut und meinte immer: »Mensch, Andreas, du stellst dich gar nicht so blöd an, wie ich dachte.« Ironischerweise brachte mich später ausgerechnet dieser, eigentlich von mir anfangs völlig ungewollte Beruf später zur Feuerwehr. Denn ich hatte auch keinen Onkel, Opa oder andere Verwandte, die mit Blaulicht auf dem roten Leiterwagen durch die

Großstadt von einem Brand zum anderen rasten, wie bei einigen meiner Kollegen, wo der Beruf quasi als Familientradition gepflegt wurde und einer der Jungs immer dort landete.

Seit Generationen lebt meine Familie mütterlicherseits in Lichtenberg zwischen dem S-Bahnhof Nöldnerplatz und dem heutigen Regionalbahnhof Lichtenberg. Schon meine Urgroßeltern betrieben in der Türschmidtstraße eine Rossschlächterei. Die Großeltern hatten in diesem Kiez eine Brauerei in der Wartenbergstraße. Dort in der Fabrik lebte fast die gesamte Familie unter einem Dach: Omas Eltern, Onkel, Tante, Cousins und Cousinen – alle Tür an Tür. Die familieneigene Brauerei wurde Anfang der sechziger Jahre zwangsverstaatlicht. Ob das einer der Gründe dafür war, dass mein Großvater am Tag vor meiner Geburt plötzlich verstarb, vermag ich nicht zu sagen. Sein Tod löste wohl bei meiner Mutter die Wehen aus, und einen Tag später war ich auf der Welt.

Geboren wurde ich genau am zwanzigsten Geburtstag der DDR. Am 7. Oktober 1969 erblickte ich frühmorgens im Oskar-Ziethen-Krankenhaus das Licht der Welt. Die Geburtsklinik befindet sich unweit der Frankfurter Allee, die meine Eltern noch als Stalinallee kannten. Den ersten drei in der neuen Frauenklinik geborenen Kindern, eins davon war ich, wurde eine besondere Ehre zuteil. Unsere Väter wurden mit Blaulicht in ein Fernsehstudio nach Adlershof gefahren, wo sie in einer Live-Sendung, anhand von riesigen Fotos, raten mussten, welches dieser kleinen Würmchen zu ihnen gehörte. Mein Vater lag richtig.

Meinem Geburtstermin habe ich es zu verdanken, dass sowohl der DDR-Fernsehfunk als auch die ostdeutsche Sängerin und Moderatorin Dagmar Frederic zu meinen Ehrenpaten wurden. Ob Dagmar Elke Schulz, so ihr Mädchenname, die seit 1967 im Friedrichstadtpalast mit Musicalmelodien bekannt wurde, überhaupt weiß, dass ich, Andi »Asche«, ihr Patenkind bin, wage ich jedoch zu bezweifeln. Gesehen habe ich die »Valente des Ostens« später einige Male in ihrem jetzigen Wohnort Woltersdorf, wo ich für gut drei Jahre eine Polsterei betrieb. Doch auf die Patenschaft angesprochen habe ich sie nie. Aber meinen Eltern hat meine Geburt immerhin 600 Ostmark, eine Flasche des damals raren Rotkäppchen-Sekts sowie eine Babyerstausstattung eingebracht. Das Geld in Form eines Sparbuches war für damalige Verhältnisse kein geringer Betrag, musste doch eine Verkäuferin im Ostberlin jener Jahre mehr als einen Monat hart dafür arbeiten, und Vater konnte mit Mutter, als sie aus dem Krankenhaus entlassen wurde, zur besseren Milchbildung ein Glas perlenden Sekt trinken.

Geschwister bekam ich leider keine mehr. Seit der freien Verfügbarkeit der Antibabypille gab es im Osten einen rasanten Geburtenknick, und so blieb ich ein Einzelkind. Meine Mutter arbeitete vor und nach meiner Geburt als Verkäuferin bei der HO in einem Laden für Kinderklamotten, der sich »Meister Nadelöhr« – nach einer bekannten Figur des ostdeutschen Kinderfernsehens – nannte. Den Laden gibt es schon lange nicht mehr. Gleich nach dem Mauerfall hat ihn die Dresdner Bank übernommen, inklusive meiner Mutter. Nach einer Umschulung saß sie dort noch einige Jahre hinterm Kassenschalter. Das sah für mich immer sehr eigenartig aus: erst verteilte sie Jeans, dann Geld …

Teile unserer Familie stammen ursprünglich vom Land, genauer aus der Gegend um Oldenburg. »Alles maulfaule Bauern«, sagte meine Mutter immer. Manches Mal kommen auch bei mir die norddeutschen Bauerngene durch, vor allem in meinem Leben nach der Feuerwehrzeit. Hier hat sich etwas vererbt: Ich habe einen kleinen Hof, mit Pferden, ein paar Schweinen, Enten, Hühnern und einem Traktor.

Nach meiner Geburt blieb Mutter ein paar Jahre zu Hause. Ich war also kein Krippenkind. Das war im Osten eher die Ausnahme. Aber mein Vater verdiente als Polsterer sehr gut – so wie alle Handwerker in der DDR. Wenn er am Wochenende auf privater Basis für

Kunden arbeitete, nahm er mehr ein als in der ganzen Woche von Montag bis Freitag. Er war als Angestellter bei einem kleinen Meisterbetrieb mit vier, fünf Mitarbeitern tätig und fing schon frühmorgens um fünf Uhr an zu arbeiten. Dafür war er gegen vier Uhr nachmittags zu Hause. Meine Mutter hingegen hatte oft Schichtdienst, so dass Oma häufig auf mich aufpassen musste. Dann folgte das ganze DDR-Programm: Kindergarten, Polytechnische Oberschule (POS) und die Lehre.

Mit knapp sieben Jahren, also 1976, wurde ich in die POS »Max Linger« eingeschult, die ich zehn Jahre später mit einem durchschnittlichen Zeugnis verließ. Die Schule verlief so lala: schwach angefangen – stark nachgelassen, abgeschlossen mit einer Drei im Durchschnitt, der Eins des kleinen Mannes. Laut der Beurteilung im Abschlusszeugnis lag es wohl nicht an meinem Wissen, sondern mehr am Fleiß. »Zum Glück nur faul«, meinte mein Vater damals. In der Beurteilung wurde mir zwar »kameradschaftliches Verhalten« sowie »Sachlichkeit« bescheinigt, aber es war da eben auch zu lesen: »Andreas hätte jedoch mit mehr Engagement einen größeren Beitrag zur Kollektiventwicklung leisten können«.

Als ich den Gesellenbrief für den Beruf des Polsterers in den Händen hielt, wechselte ich den Betrieb.

Schließlich wollte ich nicht der ewige Lehrling bleiben. Doch in der kleinen privaten Firma mit dem neuen Meister wurde ich einfach nicht warm. Der Tropfen, der das Fass zum Überlaufen brachte, war eine Klappcouch, die neu bezogen werden sollte. Nachdem ich damit fertig war, erfüllte sie ausgerechnet die Klappfunktion nicht mehr. Ich hatte sie »versaut«, wie der Meister sich unmissverständlich ausdrückte. Es war also für beide Seiten besser, getrennte Wege zu gehen …

Ich wollte nun in einem größeren Unternehmen arbeiten, mit mehr Kollegen, wo die Arbeit auch Spaß machte. Das war damals nur in einem VEB zu haben, also in einem volkseigenen Betrieb mit vielen Angestellten. Diese Firma fand ich im VEB Parat mit Sitz im Prenzlauer Berg. Dort bauten wir Couchen für den Westexport. Neckermann und Quelle waren Hauptkunden. VEB Parat zahlte nach Leistung, und wir konnten monatlich zwischen 800 und 1200 Ostmark verdienen. Unser relativ junges Kollektiv lag damals regelmäßig bei 900 Mark. Vermutlich wollten wir unsere Kräfte nicht zu früh vergeuden …

Privat lief es auch gut. Bereits während der Lehre, ich war siebzehn, lernte ich in der Diskothek »Kalinka« ein hübsches Mädchen kennen, die später meine erste Frau werden sollte. Ihre Eltern arbeiteten im Ausland, und wir zogen schon wenige Wochen, nachdem wir uns kennengelernt hatten, in deren leerstehende Wohnung im Prenzlauer Berg. Ein Jahr später bekamen wir unsere erste gemeinsame Wohnung in Treptow: ein Zimmer, Küche, Bad, 3. Stock Hinterhaus, 35 Mark Miete. Meine Freundin arbeitete im Rathaus Treptow als Sekretärin und verdiente 600 Mark im Monat. Meine 900 Mark aus dem VEB dazuaddiert sowie noch etwas nebenbei gearbeitet, das war ein finanziell sorgloses Leben.

Dann kam der 9. November 1989. Die Nacht der Maueröffnung habe ich glatt verpennt. Am nächsten Tag, einem Freitag, fuhr ich ganz normal zur Arbeit. Dort zog ich mich wie gewöhnlich um, schlenderte in aller Ruhe zu meinem Arbeitsplatz, und was sehe ich dort? Einen Herrn im Anzug mit Krawatte aus der Zentrale, der mit einer Stoppuhr in der Hand die Norm abnehmen wollte. Als sich dann aber wie ein Lauffeuer herumsprach, dass die Berliner Mauer offen ist, und weil niemand wusste, wie lange das so bleibt, gab es kein Halten mehr. Die Stoppuhr und die Norm waren uns an diesem 10. November völlig egal. Fast die gesamte Belegschaft machte sich auf nach Westberlin, weil in der Nacht zuvor Schabowski (»unverzüglich, nach meinem Wissen sofort«) die Mauer unbeabsichtigt zum Einsturz gebracht hatte. Wir dachten damals: Wer weiß, vielleicht hatte sich nur irgendeiner der DDR-Staatsoberen geirrt, und morgen fällt die Tür wieder ins Schloss, und die Mauer bleibt weiter unüberwindbar. Also ließen wir die Couchen stehen und liefen zum Grenzübergang Bornholmer Straße.

Als wir drüben waren, ging es direkt zum Kurfürstendamm. Unser Normenkontrolleur stand nun einsam und allein im VEB mit seiner Uhr vor halbbezogenen Sofas für Neckermann und Co. Ob er es sich auch noch überlegte, seine Uhr einsteckte, die Krawatte ablegte, um auch mal Westluft zu schnuppern, ist mir nicht bekannt. Fakt ist: An diesem Tag hatten wir unsere Norm komplett untererfüllt …

Westberlin war toll. Wir wussten gar nicht, wohin zuerst. Ob in Diskotheken, Klamottenläden oder Cafés. Wir feierten ausgiebig von Freitag bis Sonntag. Gewundert haben wir uns nur über die langen Schlangen vor Sparkassen und Banken und erst später realisiert, dass es dort als Geschenk die ersten 100 DM für jeden Ossi gab.

Mir war schnell klar, wenn man den damals noch teilweise gängigen Umtauschkurs von einer D-Mark zu zehn Ostmark zugrunde legte, verdiente ich in meinem VEB so wenig Ostmark, dass ich selbst für das Kistenausräumen bei ALDI mehr in der Woche erhalten würde. Ein entfernter Verwandter hatte in Schöneberg eine gutflorierende Polsterei. Obwohl ich keine Lust mehr hatte, als Polsterer zu arbeiten, wurde mir vor der anstehenden deutschen Wiedervereinigung schon klar, dass es besser ist, in meinem erlernten Beruf weiterzumachen, als irgendwo als Ungelernter neu zu beginnen. Also kündigte ich am nächsten Tag beim VEB Parat und fuhr wieder rüber nach Westberlin. Dort meldete ich mich im Auffanglager Marienfelde. Aber mit dieser Idee war ich nicht der Einzige, ich kam dort mit vielen Hunderten Ostberlinern an. Der DDR-Ausweis wurde ungültig gestempelt und sofort ein bundesdeutscher Ersatzausweis ausgestellt. Außerdem erhielt jeder noch einmal 150 DM Willkommensgeld, das meine Frau, ohne zu zögern, in Kosmetika anlegte.

Ich sollte erst nach Niedersachsen ausgeflogen werden, weil es einfach zu viele Menschen für den Westberliner Arbeitsmarkt waren. Aber schließlich konnte ich bleiben, denn ich hatte ja einen Onkel in Schöneberg …

Onkel Volker hatte also ab sofort einen neuen Mitarbeiter: Ost-Andi. Die Arbeit bei ihm machte Spaß. Wir hatten gut zu tun, und die Kollegen in der Polsterei waren nett. Mein Wochenlohn betrug 400 DM.

Neben meinem Onkel Volker und »West-Andi«, der genauso alt war wie ich, gab es dort auch Mosi, einen Lockenkopf Mitte vierzig. Mosi war nicht sehr groß, stets braungebrannt, mit dicker Goldkette um den Hals, einer Rolexuhr ums Handgelenk, und vor der Tür stand sein grüner Jaguar. Ich war damals gerade zwanzig Jahre alt, aber was mir Mosi erzählte, wie er war und sich gab – das imponierte mir als jungem Spund schon ziemlich. Außerdem war er selbst bei der Arbeit immer fein angezogen – in Anzughose und Hemd. Auf der linken Brusttasche seines Hemdes erkannte ich ein Emblem mit Flammen, einem Teddy sowie zwei gekreuzten Äxten, und darunter stand »Berliner Feuerwehr«. Deshalb dieses vornehme Äußere: Mosi war Feuerwehrmann, Hauptbrandmeister, der hin und wieder bei meinem Onkel mithalf.

Mosi und ich verstanden uns auf Anhieb, und er hatte es sich zur Aufgabe gemacht, mich an die Hand zu nehmen und mir etwas beizubringen. Er war ein begnadeter Polsterer und, wie ich später erfuhr, auch ein exzellenter Feuerwehrmann. Oft, wenn wir uns bei meinem Onkel in Schöneberg trafen, schwärmte er vom schönen und sicheren Leben als Beamter bei der Berliner Feuerwehr. »Junge, da verdienst du gutes Geld«, sagte er immer, »hast ein geregeltes Einkommen, bist abgesichert und hast eine echt interessante, abwechslungsreiche Arbeit! Da musst du hin. Die suchen jedes Jahr neue Leute …«, legte er mir nahe. Obwohl ich damals gar nicht auf der Suche nach einem neuen Job war, reizten mich die Erzählungen von Mosi über sein Leben bei und mit der Feuerwehr. Am Ende hatte er mich überzeugt und brachte mich dazu, eine Bewerbung an die Feuerwehr abzuschicken. Erst später erfuhr ich, dass es in Berlin 2000 Bewerber gab, aber nur 80 freie Stellen. Wäre mir das vorher bekannt gewesen, hätte ich mein Herz in der Hose suchen können und mich wohl nicht beworben.

2. Harte Ausbildung:
Wieder auf der Schulbank und »Sport frei«

Ich war gerade 22 Jahre alt, als ich mich bei der Feuerwehr bewarb. Im selben Jahr heiratete ich meine
Freundin Simone. Doch um angenommen zu werden,
musste ein anspruchsvoller Einstellungstest bestan-
den werden, in dem unter anderem auch das technische und psychologische Verständnis geprüft wurden.
Außerdem gab es einen Fitnesstest und natürlich
einen Gesundheitscheck durch einen Amtsarzt.

Ich übte mehrere Wochen zu Hause intensiv für
den Einstellungstest. Gefragt waren technische
Grundkenntnisse und mathematische Fähigkeiten.
Außerdem wurde ein Deutschaufsatz geschrieben.
Die erste Hürde hatte ich geschafft. Nun ging es um
die körperliche Fitness: mindestens fünf Klimmzüge,
balancieren über einen Schwebebalken – auf diesem
lag ein Kugelschreiber, den man aufheben und wieder dort hinlegen musste, ohne abzustürzen – sowie
500 Meter laufen auf dem Laufband. Auch da war ich
erfolgreich. Anschließend ging es zum Amtsarzt. Das
konnte noch mal knifflig werden, wenn ich an den
Rückenschaden dachte, den der Arzt festgestellt hat-

te, als ich einst Zimmermann werden wollte. Aber da war nichts mehr. »Alles gut«, sagte der Doktor. »Fit wie 'n Turnschuh!« Damit ließ man mich zum Abschlussgespräch zu. »Warum wollen Sie bei der Feuerwehr anfangen?«, wurde ich dort von ernst dreinblickenden Beamten in Uniform gefragt. »Ich will Menschen in Not helfen«, sagte ich spontan und dachte dabei an Mosis gute Ratschläge. »Außerdem ist es ein abwechslungsreicher Beruf, mit Teamarbeit, und die Technik interessiert mich auch sehr.« Ich wusste natürlich dank Mosi, worauf es bei den Antworten ankam … Kurze Zeit später erfuhr ich: »Sie sind angenommen.«

Ab dem 1. Oktober 1992 war ich nun offiziell bei der Berliner Feuerwehr, und noch bevor ich dort mit der Ausbildung anfing, hatte ich bereits mein erstes Gehalt auf dem Konto: 2700 DM! So viel Geld hatte ich noch nie im Leben in einem Monat durch ehrliche Arbeit verdient. Meine Frau und ich wussten gar nicht, wofür wir es ausgeben sollten. Aber auch das änderte sich schnell …

Meine neuen Kollegen traf ich an jenem 1. Oktober in der Feuerwache in Charlottenburg-Nord. Dort nahmen wir unsere Ernennungsurkunden zum Oberfeuerwehrmann in Empfang. Im Anschluss besuchten wir die Kleiderkammer. Die »Kleiderbullen« gaben uns alles, was der gemeine Feuerwehrmann so braucht: von Socken über Ausgangsuniform, Arbeitskleidung, Lederjacke fürs Feuer, Mützen, Hemden, lange Unterhosen, Stiefel, Hakengurt, Feuerhandschuhe bis hin zu Helm und Schlipsen mit Gummizug hinten, so dass das Knotenbinden entfiel.

Die Ausgangsuniformen zogen wir auch umgehend an, weil am selben Tag noch die offizielle Vereidigung folgte. Wir wurden damals sofort »Beamte auf Widerruf«. Heute beginnt jeder Feuerwehrschüler als Beamtenanwärter.

Wer nun dachte, jetzt geht's gleich rauf auf die Feuerwehr und ab zum nächsten Brand, hatte sich gewaltig getäuscht. Ausbildung bedeutete erst einmal ein halbes Jahr Schule – auf dem Niveau der zehnten Klasse. Das war für viele eine Umstellung, hatten wir doch alle schon einen Beruf und in diesem einige Jahre gearbeitet. Einige von uns waren Familienväter und hatten Kinder, von denen das eine oder andere selbst schon in die Schule ging.

Erst nach dem halben Jahr Schule begann die eigentliche Ausbildung: mit der praktischen Arbeit auf der Wache, später folgten noch Fahrschule und Maschinistenlehrgang. Eingestellt wurde ich als Oberfeuerwehrmann. Schon während der Ausbildung wurden wir Brandmeister. Erst nach zehn Jahren folgte meine Beförderung zum Oberbrandmeister. Aber so weit war es noch nicht.

Wir achtzig Neuen wurden in vier Klassen aufgeteilt. Ehe wir uns versahen, saßen wir wieder auf Schulbänken, wenn auch in Feuerwehruniform. Und das Unterrichtspensum war anspruchsvoll, mit Fächern wie Mathematik, Deutsch, Geschichte, Geographie, Biologie und Englisch. Einer meiner Mitschüler meinte nur lakonisch: »So 'n Mist – ich dachte, das liegt schon alles hinter mir.« Nun saß ich wieder zu Hause und lernte. Und man musste lernen, denn einmal konnte man wiederholen, aber dann wäre Schluss gewesen.

Die Feuerwehrschule befand sich auf einem riesigen Gelände in Schulzendorf im Norden Berlins. Weil sich die Feuerwehr die Schule mit der Polizei teilt, gibt es dort viele Häuser, Übungsplätze und ganze Garagenkomplexe mit Feuerwehr- und Polizeifahrzeugen. Unsere grünen Freunde übten dort oft in Hundertschaften mit Schild, Helm und Gummiknüppel und simulierten den Ernstfall, wenn bei Demos die Steine fliegen. Später schlichen wir uns manchmal an und beteiligten uns an diesen Scheinangriffen, was bei den Polizeiausbildern nicht sehr gut ankam.

Neben den Schulfächern gab es eine Sanitäterausbildung und viel Sport: zweimal zwei Stunden in der Woche. Wir waren zwar jung, aber die meisten ungeübt. Die ersten Dauerläufe brachten uns an unser Limit. Leider hatten wir keine normalen Sportlehrer, sondern zwei Sportfanatiker. In der ersten Sportstunde liefen wir – nach einem kräftigen »Sport frei!« – aus der Feuerwehrschule, ein Stück die Straße entlang, über eine Brücke in den Wald hinein. Auf einer Lichtung hielten wir an. Um ehrlich zu sein: Einige hielten an, ich aber kippte einfach um. Fünf Jahre Rauchen und kein Sport – das machte sich bemerkbar und führte zur totalen Erschöpfung. Es war keine lange Strecke, aber dann sagten diese beiden Quälgeister auch noch: »So, wir machen uns jetzt erst einmal warm, und dann laufen wir los.« Damals dachte ich, wenn das so weitergeht, das überlebe ich nicht. Aber dank unserer beiden Olympioniken schaffte ich es nach zwei Jahren Sportausbildung auf der Feuerwehrschule, zwölf Kilometer zu laufen – ohne Umfallen oder Pause. Neben dem Laufen stand auch Schwimmen auf dem Stundenplan. Dabei ging es nicht um ausgelassenes Planschen oder Baden, im Gegenteil. In der ersten Stunde wurde uns verkündet: »Sportsfreunde, wir schwimmen uns jetzt erst mal acht Bahnen warm.« Mein Freund Dirk dachte, er hätte sich verhört: »Weißt du eigentlich, dass acht Bahnen 400 Meter sind?«, fragte er ungläubig zurück. »Na klar«, bekam er zu hören, »sonst werdet ihr ja nicht richtig warm beim Schwimmen.« Das war eine regelrechte Tortur, aber am Ende der Ausbildung waren wir alle ganz gut durchtrainiert.

Im ersten Halbjahr meiner Ausbildung kam unser Sohn Max auf die Welt. Bereits vor meiner Ausbildung bei der Feuerwehr hörte meine Frau auf, als Sekretärin zu arbeiten. Auch weil sie unbedingt Friseurin werden wollte – angeblich ihr Traumberuf seit frühester Kindheit. Doch schon nach zwei Monaten war damit Schluss. Sie merkte offensichtlich, dass Traum und Wirklichkeit weiter auseinanderlagen, als sie es sich eingestehen wollte. Der Job war zu anstrengend. Immer stehen und den ganzen Tag Haare vor den Augen … Ich konnte das verstehen. Also fing sie, da ihr Job im Rathaus nun vergeben war, bei den Berliner Bäderbetrieben an.

Zwei Jahre nach der Ausbildung folgte ein Schicksalsschlag: Kurz bevor wir im Sommer in den Urlaub nach Ungarn fuhren, wurde bei ihr Multiple Sklerose diagnostiziert. Das hatte auch Einfluss auf unser Zusammenleben. Max ist mittlerweile volljährig. Zu meiner Frau habe ich noch einen guten Draht, aber wir leben seit Jahren getrennt und sind geschieden …

3. Die Autos sind rot:
Erste praktische Erfahrungen

Im ersten Ausbildungshalbjahr stand ein sogenanntes »Schnupperpraktikum« an. Wir mussten für eine Woche auf eine Feuerwache. »Hier lernt ihr, dass die Autos rot sind«, wurden wir dort von den erfahrenen Feuerwehrleuten begrüßt. Ich wurde für eine Wache im Ostteil Berlins eingeteilt. Diese Feuerwache gab es vor der Wende auch schon, aber nicht als normale Wache. Sie war ausschließlich für die nicht weit entfernte Zentrale der Staatssicherheit zuständig. Das bedeutete mit dem Mauerfall: Stasi aufgelöst – Wache aufgelöst.

Erst später wurde sie mit Personal von anderen Berliner Feuerwachen aufgefüllt und ging erneut ans Netz. Diese Wache hatte etwas Besonderes. Nicht wegen des Gebäudes, denn sie befand sich in einem unansehnlichen DDR-Plattenbau – komplett anders als zum Beispiel die Feuerwache Prenzlauer Berg, die in einem altehrwürdigen, denkmalgeschützten Gemäuer aus dem 19. Jahrhundert residiert. Auch die Lage war keineswegs besonders, denn sie befand sich in einem Industriegebiet, anders als zum Beispiel die

Wachen Köpenick oder Wannsee, die traumhaft am Wasser liegen. Das Spezielle an dieser Wache waren die Menschen, die hier arbeiteten: ein buntgemischter Haufen von Leuten, die Lust hatten, mit Engagement etwas zu tun. Bei der Neubesetzung dieser Wache meldeten sich freiwillig Feuerwehrmänner aus den verschiedensten Abschnitten Berlins, um dort zu arbeiten.

Auf dieser Wache wurde 24-Stunden-Dienst gefahren. Die Kollegen waren in drei Touren mit je 22 Mann aufgeteilt. Sie hatten also im Schnitt zehn Dienste und kamen so auf eine Monatsarbeitszeit von circa 240 Stunden.

Im Ausrückbezirk, wie das Gebiet heißt, das jeder Feuerwache zugeteilt ist, war die Altbausubstanz sehr hoch. Die meisten dieser Wohnungen hatten noch Ofenheizung. Es brannte damals, so wie in allen Bezirken im Ostteil Berlins, sehr oft. Und ein Feuer ist für einen Feuerwehrmann nun mal das Salz in der Suppe.

Ich wurde gleich am ersten Tag des Praktikums als vierter Mann in den Rettungswagen (RTW) gesetzt. Dort saß ich ganz andächtig und hatte zu tun, den erfahrenen Kollegen nicht im Weg zu sein. Ursprünglich sollten wir fünf Tage lang für acht Stunden auf der Wache bleiben. Das wurde sofort in »du kannst auch dreimal 24 Stunden hier bei uns mitmachen«

geändert. Ich dachte: warum nicht, dann gehöre ich gleich richtig dazu. So fuhr ich die ganze Schicht auf dem RTW mit. Abends saß ich dann auf der Wache mit meinen zukünftigen Kollegen am Tisch und hörte den Geschichten der Alten zu. Ich kam gut mit allen aus. Das lag einerseits an meiner echten Begeisterung. Andererseits hatte sich auch schnell herumgesprochen, dass ich durch Mosi zur Feuerwehr gekommen war. Mosi hatte einige Monate auf dieser Wache Dienst gehabt. Er war dort beliebt und in guter Erinnerung geblieben. »Du bist Mosis Ziehsohn?«, fragte mich einer der Alten. »Dann bist du in Ordnung.«

Die eine Woche des Praktikums ging schnell vorüber, und ehe wir uns versahen, saßen wir wieder auf den Schulbänken in unserer Feuerwehrschule. Jeder schwärmte von seinen tollen Erfahrungen und war ganz sicher, auf der besten Wache Berlins eingeteilt gewesen zu sein, mit den dollsten Feuerfressern. Nach der Ausbildung wollte jeder Schüler zu seiner Wache zurück.

Aber bis dahin mussten wir noch einige Deutsch-, Mathe- und Englischstunden in unseren Klassenräumen überstehen und alles zu einem erfolgreichen Abschluss bringen. Als ich diese Schulstunden hinter mir hatte und die Prüfungen schaffte, fiel mir der berühmte Stein vom Herzen.

Nun folgte die Feuerwehrgrundausbildung. Im kommenden Halbjahr lernten wir alles, was ein Feuerwehrmann wissen muss. Klar ging es erst einmal wieder mit der Theorie los, die aber regelmäßig mit praktischen Übungen an den echten Geräten erweitert wurde. Das machte mir nun wirklich Spaß. Wir lernten endlich das Feuerwehrhandwerk. Im theoretischen Unterricht hatten wir Fächer wie Funktechnik, Baukunde, Gefährliche Stoffe, Brandbekämpfung, Technische Hilfeleistung und die Ausbildung zum Rettungssanitäter. Praktisch lernten wir, wie man Aufzüge hoch- und runterkurbelt, Verletzte aus Autos schneidet, Türen durch den Briefschlitz mittels indischer Seiltricks öffnet oder ein Motorboot fährt. Wir wurden mit Maske und Atemschutzgerät durch die sogenannte Kriechstrecke gejagt. Das war eine Atemschutzübungsstrecke, wo man mit zugeklebtem Helmvisier durch Röhren und enge Räume muss, um am Ende eine Tür zu finden – eine gute Übung, um sich später in verqualmten und dunklen Räumen besser zurechtzufinden. Natürlich haben wir bei Löschangriffsübungen viele Schläuche aus- und wieder eingerollt. »Die hätten bis zum Mond und zurück gereicht«, sagte mein Freund Uwe. Zum Halbjahresende gab es dann die entsprechenden Prüfungen, so dass wir in das dritte Ausbildungshalbjahr starten konnten.

In diesem Halbjahr machten wir erst den LKW-Führerschein und absolvierten dann ein vierwöchiges Praktikum in einem Krankenhaus. Ich konnte wählen und kam so in das Oskar-Ziethen-Krankenhaus in Berlin-Lichtenberg, wo ich einst das Licht der Welt erblickt hatte. Jeweils für eine Woche wurde ich für den Notarztwagen, die Intensivstation, die Rettungsstelle und den Operationssaal eingeteilt. Wenn ich ehrlich sein soll, waren in meinem Krankenhaus – außer auf dem Notarztwagen, auf dem ja immer Feuerwehrkollegen fuhren – die Krankenschwestern und Ärzte nicht so richtig begeistert von uns Feuerwehrpraktikanten. Nur auf der Intensivstation freute man sich über etwas Hilfe. Zusammen mit einer Krankenschwester wusch ich jeden Tag die Patienten. Aber das einzig Schöne daran war für mich – die Schwester! Ich kann wirklich hart arbeiten und habe auch in meiner Zeit als Feuerwehrmann viele schlimme Sachen gesehen. Aber ich könnte in keinem Pflegeberuf tätig sein. Deshalb habe ich auch den allergrößten Respekt und Hochachtung vor Menschen, die diese Tätigkeiten ausüben. Bei den OPs fühlte ich mich schon eher heimisch. Als Zuschauer bei einer Hüft-OP durfte ich beobachten, wie Bohrmaschine, Hammer, Meißel, Säge und Feile zum Einsatz kamen. Zwar war das nichts für schwache Nerven, aber mir kam es irgendwie bekannt vor, weil es wie in einem Handwerksbetrieb zuging. Zum Glück für uns alle hat irgendwann einmal ein kluger Mensch die Narkose erfunden … Die Woche in der Rettungsstelle verging wie im Fluge. Was mir in Erinnerung blieb, waren die Frauen, die uns Männern in Sachen schlüpfriger Bemerkungen in nichts nachstehen. Öfter stand ich mit rotem Kopf da, obwohl ich keineswegs prüde bin.

Dem Krankenhauspraktikum folgten drei Monate Einsatzdienst auf der Wache. Dank einiger Telefonate mit Kollegen aus meinem ersten Praktikum kam ich auch wieder auf diese Wache und in die gleiche Tour. Als Feuerwehrschüler durfte ich noch nicht alle Posten besetzen, wie es später die Regel war. Also war ich mal für den Angriffstrupp (A-Trupp), dann im Schlauchtrupp, als Melder oder im Rettungswagen, der sogenannten Galeere, eingeteilt. Im RTW fuhr ich als »Kielschwein« mit, so wurde der dritte Mann, der hinten im Patientenraum sitzt, genannt.

Die drei Monate Einsatzpraktikum gingen schnell vorbei. Bevor es wieder, für die letzten drei Monate, auf die Schule zurückging, mussten wir noch unsere Abschlussprüfung für den staatlich anerkannten Rettungssanitäter machen. Ich kramte in meinem Gedächtnis nach allem, was aus dem zweiten Halbjahr und dem Krankenhauspraktikum hängengeblieben war, und bestand erfolgreich.

Als wir uns alle auf der Schule wieder trafen, hatten sich einige schon sichtbar verändert. Viele Helme waren zwar nicht verkohlt, aber die deutlichen Rußspuren zeugten von den gesammelten Erfahrungen. Sie wurden stolz getragen und untermauerten die Geschichten von selbstgelöschten Feuern, deren Rauchwolken angeblich bis Hamburg zu sehen gewesen waren.

Doch erst einmal ging die Schule mit der Maschinistenausbildung weiter. Dazu gehörte eine dreimonatige Einweisung in die Feuerlöschkreiselpumpe, die zu jedem Löschfahrzeug (LHF) gehört. Weiter lernten wir, die Drehleiter zu bedienen und mit ihr alle möglichen Punkte zu erreichen, auf die der Ausbilder zeigte. Das war gar nicht so einfach. Wir hatten eine supermoderne Leiter in der Schule. Ihre Bedienung erfolgte über zwei Joysticks, mit denen drei Bewegungen auf einmal ausgeführt werden konnten: schwenken, heben oder senken und aus- oder einfahren. Bei den älteren Leitern gab es noch einen Hebel zum Schwenken und zwei Drehknöpfe. Einen nutzte man zum Aus- und Einfahren der Leiter. Der zweite Drehknopf diente dem Heben oder Senken des Leitersatzes. Diese Drehknöpfe hatten aber ein kleines Manko: War die Leiter, an deren Spitze sich ein Korb mit zwei Kollegen befand, auf ihre vollen dreißig Meter ausgefahren, war eine falsche Bedienung nicht ganz ungefährlich. Stellte man den Drehschalter aus der Nullstellung auf »Senken«, dann passierte erst mal gar nichts. Wer jedoch zu stark drehte, ließ diese Leiter so schnell zu Boden gehen, dass die Kollegen fast aus dem Korb fielen. Ich habe nach dieser Erfahrung immer peinlichst darauf geachtet, dass kein Grobmotoriker die Leiter bediente, wenn ich oben im Korb stand. Nur mit Gefühl waren diese alten Leitern optimal zu bedienen.

Die neuen Leitern hingegen reagieren auf kleinste Bewegungen der Joysticks, und man kann sie aufs Genaueste an jede Stelle fahren. Wir übten intensiv die Schnelligkeit für die Rettung von Personen über die Drehleiter. Schon bei der Anfahrt wird geschaut, wo muss ich anleitern – dann Schlauchhaspel ab, Stützen raus und hoch die Leiter …

4. Macken und Nicknames: Wie ich zu ASCHE wurde

Wenn Mülltonnen brennen, was in einigen Berliner Stadtteilen durch heiße Asche in den kalten Jahreszeiten immer wieder passiert, entstehen oft hochgiftige Dämpfe. Viele Menschen trennen einfach immer noch nicht ihren Abfall, und so verbrennt Plastik durch die Ascheglut schwarz und rußend, genauso wie Bettfedern, die dabei übrigens Blausäure entwickeln. Natürlich auch schmorender Gummi, der Augen und Lunge auf unangenehme Art und Weise reizt. Nicht zu vergessen die Sprayflaschen, die bei der großen Hitze schnell explodieren und uns Feuerwehrleuten ratzfatz um die Ohren fliegen. Doch bei diesen brennenden Mülltonnen dachte keiner der Feuerwehrmänner auch nur im Geringsten daran, sich entsprechend auszurüsten. »Was, eine Mülltonne brennt? Und wir rücken mit voller Ausrüstung an? Das ist ja peinlich!«, war nicht selten zu hören. Obwohl auch diese Bagatelleinsätze ihre Gefahren bargen, die mit unkalkulierbaren Gesundheitsrisiken einhergingen. Mittlerweile hat sich das geändert. Jeder denkt an die Sicherheit im Einsatz. Inzwischen gibt es unter den Feuerwehrleuten immer mehr, die genau darauf achten, sich und ihre Kollegen nicht durch falsch verstandenes Heldentum zu gefährden.

Der Nachteil dieser Entwicklung: Die markanten Typen mit Ecken und Kanten unter den Feuerwehrmännern, die die jüngere Generation nur noch vom Hörensagen kennt, sind fast aus den Wachen verschwunden. So wie zum Beispiel »Zigarren-Rudi«. Ein Hüne von einem Mann: zwei Meter groß – beim Löschen sah man nur seine Füße im Qualm, und wenn dieser sich lichtete und sein rußgeschwärztes Gesicht auftauchte, erkannte man, wie er dabei einen Zigarrenstumpen im Mundwinkel hatte und schmauchte. Für Außenstehende war seine Art eine unverständliche Grenzüberschreitung. Auch weil es klare Vorschriften zum Benutzen des sogenannten BGs, des Behältergerätes mit Atemschutz, gibt. Aber Rudi fand es cool, im Feuer neben einem Kollegen mit Atemgerät zu stehen und zu löschen. Natürlich ohne Atemgerät, dafür mit Zigarre oder Zigarette im Mund, immer nach dem Motto: im Qualm stehen und Herr der Dinge sein. Auch er wusste natürlich, dass dies gesundheitsschädlich war. Doch manchmal siegt die Coolness über den Verstand. Rudi rief dann übermütig: »Ich kann das hier alles wegatmen, das macht mir gar nichts aus!« Rudi hatte eine unglaublich lockere Art, was auf uns junge Feuerwehrmänner natürlich Eindruck machte. Wie ich hörte, ist er vor einigen Jahren ziemlich schnell verstorben – an Lungenkrebs.

Nach jedem Feuer gab es dann auf der Wache selbstverständlich noch ein Bierchen. Auch das ist mittlerweile wegen des strikten Alkoholverbots nicht mehr denkbar. Anfang der neunziger Jahre gingen fast alle Feuerwehrleute nach dem Dienst regelmäßig noch auf eine Molle in die Eckkneipe. Diese Zusammengehörigkeit nach der Schicht ist heute leider weniger ausgeprägt. Man geht lieber in die Muckibude statt in die Kneipe. Dort oder im Sportraum halten sich meine Exkollegen fit. Wenn ich ehrlich bin, finde ich es schon schade, dass die Zeit dieser Originale bei der Feuerwehr vorbei ist. Es war auch die Zeit, in der viele Kollegen ihre Spitznamen erhielten, die Rückschlüsse auf ihren Charakter und ihr Tun erlaubten.

Mich nannten alle nur Asche. Viele kannten meinen bürgerlichen Namen gar nicht. Wie ich zu diesem Spitznamen kam, den ich seit meinem ersten Praktikumseinsatz trug? Meine Arbeit in Rauch und Schmutz sah man mir an. Meine Berufskleidung brachte ich äußerst ungern in die Reinigung. Ich fand es auch nicht schlimm, wenn meine Klamotten schmutzig waren, ich wollte ja damit nicht ausgehen, sondern Brände löschen. Deshalb blieben die Stiefel meist ungeputzt, der Helm rußig-schwarz und die Asche an Jacke und Hose kleben.

Irgendwie waren Asche und Ruß auch untrügliche Zeichen eines erfahrenen Feuerwehrmannes. Es galt unter einigen Kollegen die Faustformel: Je dunkler die Farbe des Helmes, desto mehr erfolgreiche Einsätze. Also sollte mein Helm schnell richtig schwarz sein … Ich war anhand meiner Uniform schon von weitem zu erkennen. »Ey, da kommt Asche!«, hörte ich schon am Einfahrtstor. Wenn irgendwo Sachen herumlagen, fragte der Zugführer: »Wem gehört denn das schmutzige Zeug?« – »Dat ist Asche seins«, kam von irgendwoher die Antwort. War ich auf einer anderen Feuerwache als Aushilfe unterwegs oder es kam ein neuer Kollege, war mir Bewunderung garantiert – glaubte ich zumindest.

Natürlich bringen eine Reihe von Kollegen nach jedem Feuer ihre Sachen zur Reinigung, da sich Dioxine und andere Rückstände in ihnen sammeln. Das wäre für mich nie in Frage gekommen. Nur wenn mich meine Chefs nach mehreren Aufforderungen quasi gezwungen haben, gingen meine Sachen in die Reinigung. Ich war nicht der Einzige mit derartigen äußerlichen Macken. Wir hatten damals noch Kollegen mit Stiefelmesser. Ein anderer trug immer ein riesiges Bajonett an seinem Gürtel. Das war natürlich alles nicht zugelassen und erlaubt. Aber dieser kleine individuelle Touch war eine Gegenbewegung zur Uniformität der Ausrüstung und Reglementierung des Dienstes durch ständig neue Vorschriften.

Die Ausrüstungen wurden im Laufe der Jahre immer perfekter. Damals gab es noch Lederjacken mit normalen Baumwollhosen und einen Helm, der aussah wie ein Stahlhelm aus dem Zweiten Weltkrieg. Da waren nur die Ohren frei. Wer nun im Feuerkampf steht und Wasser gibt, erhält heißen Wasserdampf zurück. Viele haben sich ihre Ohren regelrecht verbrüht, weil sie ungeschützt waren. Kommt aus dieser Zeit das geflügelte Wort »Pass nur auf, sonst holst du dir einen Satz heiße Ohren.«?

5. Ein angekohltes Mittagessen: Meine ersten Brände

Als ich zu meinem ersten Feuer fuhr – damals noch im Praktikum –, war ich für den Angriffstrupp eingeteilt. Ich fummelte noch ganz aufgeregt an meinem Behältergerät (BG) herum – das sind die Metallbehälter mit Atemluft, die wir auf den Rücken tragen, wenn wir ins Feuer gehen müssen –, da sagte mein Truppführer mit dem Spitznamen Schnappa: »Mensch, Junge, den Hakengurt kannste ablassen, den mach ick ock nich um. Oder willste dich irjendwo abseil'n?« Der Hakengurt ist ein dicker Gurt, den man sich über der Lederjacke um die Hüften schnallt. An ihm hängen eine kleine Handaxt, die Handschuhe und ein Haken, mit dem sich todesmutige Gesellen unter Zuhilfenahme eines Seils im Notfall abseilen können. Ich stieg auf der Einsatzstelle mit meinem Truppführer aus – ohne Gurt. Wir rannten am Zugführer vorbei in Richtung des qualmenden Hauses. Als er mich sah, brüllte er: »Wieso hat der Kleene keen Hakengurt um? Los zurück und ummachen!! Spinnt ja wohl!« Mist, dachte ich – erster Einsatz, erster Fehler. Also schnell zurück zum Fahrzeug, den Gurt umgelegt, die Maske aufgesetzt, den Schlauch geschnappt, und hoch ins dritte Obergeschoss gelaufen. Oben angekommen, lachte mein Truppführer schon: »Is nüscht, tret die Tür ein.« Nach Personen brauchten wir in der Wohnung nicht zu suchen, da der Mieter bereits unten bei meinen Kollegen stand. Gesagt, getan – und Tür eingetreten. Als wir in die Wohnung kamen, war die ganze Bude verqualmt und stank. Aber nicht nach Feuer. Der Truppführer lief in die Küche und hob einen großen, irrsinnig qualmenden Kochtopf vom Herd. »Asche, mach mal Fenster uff«, rief er mir zu. Als ich das tat, schmiss er, ohne noch einmal zu schauen, den Topf samt verkohltem Inhalt auf die Straße. Dann konnte unser Melder der Leitstelle durchgeben, was am Einsatzort passiert war. Noch bevor er seine Lagemeldung durchgab, brüllte Schnappa dem Melder die Lage aus dem Küchenfenster zu: »Schnappa an alle Adressen, anjebranntes Fressen.« Also, meine erste Brandbekämpfung war ein vergessenes Mittagessen. Aber egal, es war mein erstes Feuer, und ich durfte für meine Kollegen einen ausgeben. Das ist gute Sitte bei uns. Nächste Schicht: Asche gibt ein Frühstück für alle aus!

6. Menschen in Lebenskrisen: Selbstmörder auf Schienen oder Dächern

Tragisch endete leider ein anderer Fall. Wir fuhren mit unserem Einsatzwagen gerade über die Frankfurter Allee, als wir über Funk einen Alarm bekamen: »Person unter Zug am U-Bahnhof Frankfurter Tor.«

Als wir im U-Bahnhof eintrafen, erwartete uns schon ein BVG-Mitarbeiter, der uns erklärte, wo der Mann lag: »Direkt unter dem zweiten Waggon«, sagte er benommen. »Ist der Strom abgeschaltet?«, fragte ich ihn. »Ich glaube, ja«, nuschelte er kleinlaut. »Glaube hilft hier nicht weiter«, raunzte ihn mein Kollege Steffen an. »Wir wollen noch nicht in die ewigen Jagdgründe.« Deshalb ließ der BVG-Mann Kurzschließer vor und hinter dem Zug setzen. Denn einen Schlag von 750 Volt überlebt selbst der stärkste Feuerwehrmann nicht.

Dann krabbelten wir unter den Zug. Dort war es dunkel und schmutzig. Der Mann dort unten lebte noch. Als er mich sah, fragte er mich, ob ich etwas für seinen Kopf hätte – es wäre so unbequem. Was er da noch nicht realisiert hatte: Ihm fehlte der linke Arm sowie vom Knie abwärts das rechte Bein. Beide

Körperteile lagen abgetrennt nur wenige Meter hinter ihm. Doch so einfach bekamen wir den Mann nicht unter den Stahlrädern des gelben U-Bahn-Zuges hervor. Mit einem Hakengurt zogen wir ihn mit großer Kraftanstrengung zu zweit raus. Oben standen schon die Kollegen und hievten den Schwerverletzten auf den Bahnsteig. Dort wurde er dann auf der Trage von einem Notarzt erstversorgt. Die Haut hing in Fetzen an den verstümmelten Gliedmaßen, die seltsamerweise in diesem Moment gar nicht bluteten. Durch den Schock des plötzlichen Abtrennens setzt manchmal die Blutzirkulation aus, um wenig später dann umso heftiger wieder einzusetzen. Ich musste dann noch einmal unter die U-Bahn robben und das abgetrennte Bein und den Arm aufsammeln. Der Mann, der nun mit Blaulicht auf die Intensivstation gefahren wurde, musste gerade erst aus dem Krankenhaus gekommen sein. Wir fanden unter dem Zug noch einen Beutel mit seinen persönlichen Sachen, unter anderem mit einem Entlassungsschein vom selben Tag von der Inneren Abteilung eines nahen Krankenhauses sowie mehrere Medikamente. Ob er keine Hoffnung mehr für sich sah? Wir hatten jedenfalls nach diesem Einsatz keine großen Hoffnungen mehr für ihn. Eine Krankenschwester erzählte uns später, dass er auf der Intensivstation gestorben war.

Noch in unseren schmutzigen Sachen aßen wir nach dem Einsatz am Bahnhofsimbiss erst einmal eine Ketwurst. Der Zugführer kam vorbei, sah uns und schüttelte den Kopf: »Ihr habt sonst keine Probleme, oder, Jungs?«

Ein Student wollte in Berlin-Friedrichshain vom Dach eines achtstöckigen Hauses springen, zu dem wir an einem frühen Samstagnachmittag gerufen wurden. Wir standen gut acht bis zehn Meter von ihm entfernt auf dem geteerten Flachdach und redeten auf ihn ein. Was wir bisher von dem jungen Mann erfahren hatten, waren eine angedrohte Exmatrikulation wegen mehrerer verhauener Prüfungen und offensichtlich private Probleme mit seiner Freundin. Es ging schon fast zwei Stunden hin und her. Da riss meinem Kollegen Uwe der Geduldsfaden: »Springste nu, oder nicht? Bei uns auf der Wache wird der Kaffee kalt.« Als ob das einen Menschen in einer lebensbedrohlichen Krise wirklich interessieren würde, dachte ich so bei mir. Aber mit Sarkasmus, Ironie oder Humor wurde schon manches Mal eine Situation gewendet. Offensichtlich nicht bei unserem Studiosus, dem der Kaffee auf der Feuerwache herzlich egal zu sein schien. Er griff in seine Innentasche und holte Handschellen raus. »Klick, Klack« machte es, und schon hatte er sie sich um seine Gelenke gelegt.

»Was soll das denn?«, rief ich ihm zu. »Damit ich nicht in Gefahr gerate, mich beim Springen irgendwo festzuhalten«, gab er zur Antwort. »Das glaub ich jetzt nicht«, polterte Uwe, »mach jetzt endlich, oder lass es sein. Wir sind doch nicht zum Spaß hier!« Ob es diese Worte waren oder er tatsächlich Angst hatte – am Ende sprang er nicht. Er ließ es zu, dass wir ihn mit seinen Handschellen nach unten auf die Straße brachten. Einen Schlüssel hatte er für die Handschellen nicht dabei – wir aber einen Bolzenschneider. Sein Leben war gerettet. Er war befreit, und wir übergaben ihn einem Notarzt, der den Studenten zur nächsten Klinik fuhr.

Skurril entwickelte sich auch der Fall eines etwa 30-jährigen Mannes, der vom Fenster der obersten Etage eines Gründerzeithauses springen wollte. Immer wieder wechselte er seine Position. »Jetzt spring ich hier raus«, rief er nach unten und klammerte sich von außen an das Fensterkreuz. Dann verschwand er plötzlich wieder. »Jetzt bin ich hier«, schrie er lautstark, als er im Nachbarzimmer auftauchte. Einmal balancierte er sogar außen auf einem Gesims von einem Fenster zum anderen. Immer wenn er aus einem neuen Fenster schaute und sich kurz darauf von außen an die Fenstersprossen hängte, rannten wir mit dem Sprungretter zur nächsten Position, wo er unten aufgekommen wäre. Das wiederholte sich etwa sieben oder acht Mal. Als er gerade erneut aus einem Fenster rauskletterte, packte ihn plötzlich von hinten eine Hand mit einem schwarzen Lederhandschuh und zog ihn ruck, zuck ins Zimmer zurück. Es war ein Polizeibeamter, der sich oben in die Wohnung geschlichen hatte und dem Klettertheater nun ein Ende bereitete. Auch dieses Mal ging es, abgesehen von einigen Kratzern und Schürfwunden, für den Suizidgefährdeten gut aus.

In weniger guter Verfassung hingegen fanden wir einige Wochen später bei einem Einsatz in der Nacht einen Schwerverletzten vor einem Aufzug vor. Bewohner des Hauses hatten den blutüberströmten Mann dort gesehen und den Notruf gewählt. Wie wir später, als er wieder bei Bewusstsein war, von ihm erfuhren, wollte auch er sich das Leben nehmen und war vom Balkon im 5. Stock gesprungen. Weil er aber sein Ziel nicht erreichte und überlebte, robbte er zum Hauseingang und schaffte es noch bis zum Aufzug. Er wollte wieder hoch und ein zweites Mal springen. Doch dazu kam es nicht mehr, weil er schwerverletzt und ohnmächtig vor dem Aufzug liegen blieb. Hier kümmerten wir uns um ihn. Er wurde notversorgt und auf die Intensivstation gebracht.

Als ich einmal im Rettungswagen mitfuhr und dort ein Mann wütend drohte, sich umzubringen – »da werde ich aus dem zweiten Stock meines Hauses springen« –, sagte ich ihm mit einem Augenzwinkern: »Keine Chance, Alter, da musst du schon höher hinaus, damit habe ich genug Erfahrungen gesammelt.«

Immer wieder werden wir gefragt, wie es denn mit jemandem nach seinem Unfall oder Selbstmordversuch weiterging. Aber das wissen wir in der Regel nicht. Selten erfahren wir es, und dann eher zufällig. Wenn unsere Einsätze in der Notaufnahme im Krankenhaus enden, ist unsere Aufgabe erledigt. Nur einmal habe ich mich nach einem Einsatz nach dem Schicksal eines jungen Mädchens erkundigt.

Das war bei einem Verkehrsunfall im Lichtenberger Tunnel mit mehreren Schwerverletzten. Eine der Beifahrerinnen war ein junges, hübsches Mädchen. Das sah man trotz ihres blutverschmierten Gesichtes und der Schwellungen am Jochbein unter dem linken Auge. Die 19-Jährige hatte offene Brüche an beiden Beinen und ein Schädel-Hirn-Trauma. Nach der ersten Notversorgung am Unfallort brachten wir sie ins Virchow-Klinikum. Ich hielt auf der ganzen Fahrt ihren Kopf zur Stabilisierung. Später wollte ich unbedingt wissen, ob sie überlebt hat, und rief in der Notaufnahme an. Erst nach drei Tagen auf der Intensivstation, wo sie für kurze Zeit sogar in ein künstliches Koma versetzt wurde, war sie über den Berg. Das freute mich, und ich verspürte wieder den Sinn meiner Arbeit als Feuerwehrmann.

Ein Fall wie dieser blieb mir lange unvergessen: Die Zentrale gab kryptisch durch: »Die Bahn meldete gerade eine verletzte Person im Bahnhof Lichtenberg.« Es war mitten im Winter. Die klirrende Januarkälte mit Temperaturen von 15 bis 20 Grad unter Null ließ viele Eisenbahnweichen nicht mehr auftauen. Der Interregio Stralsund–Berlin fährt in den Bahnhof ein. Doch was die Menschen vorn auf der einfahrenden Lok sehen, ist unbeschreiblich. Viele trauen ihren Augen nicht. Sie drehen sich weg. Können es nicht fassen. Einige laufen weinend in die Bahnhofshalle. Andere kauern sich, wie von einem heftigen inneren Schmerz geschüttelt, auf dem Bahnsteig nieder. Mütter halten ihren Kindern die Augen zu. Der Lokführer, so erzählt er uns später, merkt an den Reaktionen der auf dem Bahnsteig wartenden Reisenden, hier stimmt etwas nicht. Als der Zug hält, steigt er von seinem Führerstand, geht zur Spitze seiner Lokomotive und erstarrt vor Schreck. Vorn an der Lok hing ein Mensch. Später wird rekonstruiert: der junge Mann hatte sich in Berlin-Wartenberg auf die Gleise begeben und wurde dort von dem Zug erfasst, ohne dass es der Lokführer bemerkte. Nun hing der Körper leblos zwischen den Schläuchen. Er war regelrecht aufgespießt worden von der Hänger-kupplung. Ab den Oberschenkeln fehlten die Glied-maßen. Sie wurden später zwischen den Schienen unweit des Wartenberger S-Bahnhofes gefunden. Der Kopf war unkenntlich, blutüberströmt und ka-putt. Aber es floss kein Blut. Die Minusgrade und die Fahrgeschwindigkeit hatten dazu geführt, dass der Körper des jungen Mannes quasi schockgefroren war. Vermutlich war er durch den heftigen Aufprall mit der Lok sofort tot gewesen. Dennoch stellten die Notärzte in Bauchnähe noch eine gewisse Restwär-me in seinem Körper fest. Nun wurde überlegt, wie man die Leiche von der Lok trennen sollte. Mein Kol-lege Rudi holte die Axt. Doch nebenan gab es einen S-Bahnsteig voller Fahrgäste und Schaulustiger. Inso-fern wurde Rudis Plan schnell wieder verworfen. Selbst die kräftigsten Feuerwehrmänner bekamen den leblosen Körper nicht vom Lokhaken. Ein Not-arzt sah sich auch außerstande, den tödlich Verun-glückten abzuschneiden. Letztendlich fuhr der Zug in den nächstgelegenen Lokschuppen. Dort taute der Leichnam des jungen Mannes auf und konnte vom Zug genommen werden. Solche extremen Fälle ver-gisst man nicht. Die Bilder bleiben ins Gehirn einge-brannt. Über ihre Erlebnisse sprechen können viele Feuerwehrmänner unmittelbar danach nicht. Es läuft oft sogar eher nach dem Motto ab: »Ich war dabei und du nicht.« Das hört sich für den Außenstehenden sicher skurril an, und manch einer mag an Erzählungen von Kriegsheimkehrern denken.

Wenn man gerade nicht Dienst hatte oder im Urlaub war, und die Kollegen erzählen auf der Wache von einem Großeinsatz mit vielen Löschzügen und mehreren Stunden Kampf mit dem Feuer, dann bedauerte auch ich oft, nicht dabei gewesen zu sein. Diese realen Kämpfe mit ungekannten, unkalkulierbaren Mächten sind Teil unserer Berufsmotivation. Auch wenn es für andere Berufsgruppen schräg klingen mag: Spaß und Freude am Beruf brachten mir die schweren Einsätze und nicht das Warten auf der Wache. Das war immer irgendwie dröge. Schließlich möchte man seiner Berufung gerecht werden. Kämpfen. Irgendwie auch seine Männlichkeit beweisen. Im Team etwas erreichen und die Extremsituationen zusammen überstehen.

7. Gasgeruch? – Lachhaft!

Die Leitzentrale meldet den Notruf »Gasgeruch«. Bei einem Einsatz mit Gasgeruch lernt jeder Feuerwehrschüler: Nie klingeln!

Wir stellten unsere »Spritze« aus Sicherheitsgründen ein Stück entfernt von dem Haus mit dem vermeintlich undichten Gasrohr ab. Falls doch etwas schiefläuft, ist es wichtig, sich immer aus dem Trümmerschatten des Hauses herauszuhalten. Der Einsatzleiter – Hauptwachtmeister Müller – war an diesem Tag Zugführer. Es ist bereits dunkel. Müller steigt aus dem Feuerwehrauto und knipst seine Taschenlampe an, um die Lage zu erkunden. Grundsätzlich muss selbst bei einer Taschenlampe achtgegeben werden, dass sie keinen Funkenschlag auslöst, der beim Ausströmen von Gas zu seiner Explosion führen würde.

Hauptwachtmeister Müller ist ein erfahrener Feuerwehrmann. Er geht direkt zur Haustür mit den Klingelschildern und studiert die Namen. Er wird doch nicht bei dem Anrufer klingeln? Jeder Feuerwehrschüler weiß, was dieser Fehler für Konsequenzen hätte. Nein, unser Müller – das ist ein alter Hase. Der hat zwei Jahrzehnte Berufserfahrung auf dem Buckel, der macht so etwas nicht. Der kennt sich aus und weiß auch in schwierigen Lagen, was zu tun ist. Müller ist heute der Chef unseres Einsatzes, auch wenn er dieses Mal nur für einen erkrankten Zugführer eingesprungen ist. Er erledigt seinen Job immer ohne Fehl und Tadel. Wir sehen, wie Müller die Türschilder und Klingelliste lange studiert und mustert. Und: Er klingelt! »Das glaub ich jetzt nicht«, sagt mein Kollege Steffen mit offnem Mund. Alle halten für einen Moment die Luft an. Einige Schrecksekunden vergehen – aber es bleibt ruhig. Dieser Anfängerfehler hätte viele Leben kosten können. Damit war zwar für alle klar – hier gibt es keine offene Gasleitung … aber zu welchem möglichen Preis? Statt ihm später Vorhaltungen zu machen, lachte die ganze Mannschaft lauthals auf dem Rückweg in die Feuerwache auf dem Einsatzwagen über Müller. War es Galgenhumor? Verzweiflung? Schadenfreude? »Du hast es halt auch bei der Feuerwehr mit vielen Klopsköppen zu tun«, sagte Steffen. »Das passiert halt mal, und Gott sei Dank nicht täglich …«

Kleinere Pannen führen immer mal wieder, trotz des oft tragischen Hintergrundes eines jeden Feuerwehreinsatzes, zu komischen Situationen. Ob nun eine Klappleiter benötigt wird, die nur aufklappt, wenn sie auf Stein, Beton oder einem anderen festen Untergrund aufgestellt wird und nicht auf Sand, wo sie dann nur im Boden versinkt. Oder ein Feuerwehrmann, der beim Übersteigen eines knapp einen Meter hohen Zaunes dafür fast 15 Minuten benötigt, weil er an den Latten mit einer Schlaufe seines Anzuges hängen bleibt und hilflos in der Luft zappelt. Ohne Unterstützung wäre er nicht weitergekommen, und das herannahende Feuer hätte ihm sehr gefährlich werden können. Auch hier wurde anschließend herzlich gelacht. Unser Beruf ist zwar sehr ernst, aber wer dabei ist und über die teils grotesken Fehler nicht auch mal lachen kann, macht etwas falsch. Natürlich gibt es auch hier Grenzen. Etwa bei der Bergung von Schwerverletzten eines Verkehrsunfalls mit mehreren Fahrzeugen auf der Autobahn. Schweigend und konzentriert macht dort jeder Feuerwehrmann seinen Job. Oft bleibt der Gaumen trocken. Jeder Mann tut alles in seiner Macht Stehende. Bei diesen Einsätzen habe ich noch niemanden lachen sehen. Das trifft auch auf Unfälle mit Kindern zu. Alle arbeiten hochkonzentriert und tun wirklich alles, um das kleine Leben zu retten. Hier geht es ausschließlich um Professionalität und Schnelligkeit.

8. Vietnamesen auf Bäumen –
Tote Mitglieder der Zigarettenmafia –
Angriff

Was Menschen alles tun, wenn sie sich bedrängt fühlen, Angst haben oder verfolgt werden, ist schon abenteuerlich.

Eines Tages wurden wir zum Berliner Tierpark gerufen. Aber nicht, weil ein Storch sich das Bein gebrochen hatte und nicht mehr aus seinem Nest kam oder ein Wildkater von einem Dach geholt werden musste. Nein, es ging um den Bärenzwinger direkt neben dem Eingang. Er bildet einen Übergang von innen nach außen und ist auch von der Straße außerhalb des Tierparks einsehbar. »Bärenschaufenster« wird dieses Gehege des Berliner Tierparks in Lichtenberg auch genannt.

Dort hinein hatte sich ein Mitglied der vietnamesischen Zigarettenmafia gerettet, als es auf der Flucht vor einer Zivilstreife war. Dort war der Mann vorerst vor der Polizei sicher, aber eben nicht vor den Bären. Als er die Tiere bemerkte, kletterte er auf den höchsten Ast eines Baumes, der sich mitten im Bärengehege befand. Eigentlich konnte er froh sein, dass ihn Passanten entdeckten, die dann umgehend den Notruf wählten. Mit einer Drehleiter retteten wir sein Leben. Als er wieder aus der Bärengefahrenzone war, klickten dennoch die Handschellen, weil mittlerweile auch die Polizei herbeigerufen worden war.

Das war aber nicht der einzige Vietnamese, den ich im Laufe meiner Feuerwehrzeit von einem Baum holen musste. »Person droht« hieß es, als ein Mann auf einem etwa 12 bis 15 Meter hohen Baum saß und nicht mehr herunterkam. Wir bauten zwei Sprungretter auf. Aber was passierte? Der Mann – ebenfalls ein illegaler Zigarettenverkäufer – sprang genau zwischen die beiden bereits mit Luft gefüllten Sprungretter. Dabei verletzte er sich so schwer, dass er in die Notaufnahme gebracht werden musste. Vermutlich sitzt er nun zeitlebens im Rollstuhl.

Als wir das nächste Mal mit der Zigarettenmafia in Kontakt kamen, fuhren wir unverrichteter Dinge wieder zur Wache zurück. In der Nähe des Lichtenberger Bahnhofs wurde eine leblose Person in einem Gebüsch gefunden. Als wir dort eintrafen, war die Polizei schon vor Ort. Sie sicherte die Spuren, denn im Gebüsch lagen, wie sich herausstellte, nicht ein Toter, auch nicht zwei oder drei, sondern gleich fünf tote Vietnamesen, die offenbar regelrecht hingerichtet worden waren. Ihren Tod festzustellen war nur noch Formsache. Der Rest war ein Job für die Gerichtsmediziner der Charité …

Beim nächsten Mal, als wir auf viele, dieses Mal sehr lebendige und kampfbereite Vietnamesen trafen, wäre die Situation fast eskaliert. Wir wurden in den Innenhof eines Flüchtlingswohnheims in unserem Ausrückbezirk gerufen, als plötzlich Stühle, Mikrowellen und ganze Fernseher aus den Fenstern flogen. Selbst die Besatzung des Notarztwagens blieb nicht verschont. Die Lage geriet vermutlich außer Kontrolle, als die Polizei einen Strippenzieher des illegalen Zigarettenhandels verhaften wollte. Nun solidarisierten sich die Heimbewohner mit ihm. Ihr gewaltsamer Widerstand richtete sich gegen alle Uniformträger – also auch gegen uns Feuerwehrleute. Zu unserem Schutz wurde ein weiterer Zug angefordert. Wir sprangen, bewaffnet mit Beilen und Brandäxten, vom Wagen, als unser Wachvorsteher den Befehl gab: »Alles, was eine 4711 auf dem Helm hat, zieht sich ins Auto zurück.« Er handelte richtig, immer nach dem Prinzip: »Erst einmal Ruhe in die Situation bringen.« Wir zogen uns dann auch zurück, weil eine Staffel Bereitschaftspolizisten mit der Erstürmung des Wohnheims dem Spuk ein Ende setzte.

9. TOD – Die Seele will raus

Trotz modernster Technik und wochenlanger Ausbildung für die Reanimation gibt es beim Kampf um das Leben Grenzen. Auch Feuerwehrmänner und Sanitäter stehen fassungslos vor dem oft abrupten Ende eines eben noch gesunden, glücklichen Menschenlebens.

Beim Thema Tod gibt es Rituale, die das Unfassbare, schwer Erklärbare und Ergreifende in Bahnen lenkt, um damit umgehen zu können. Wer das erste Mal in diesem Beruf einen Menschen sterben sieht oder ihn nur noch tot auffindet, vergisst das nie. Für alle Feuerwehrleute kommt die reale Erfahrung mit dem Tod oft schon in der Ausbildung. Du siehst den vor dir liegenden Mann. Blickst auf seine braunen Schuhe und denkst, die hat er sich heute früh zum letzten Mal gebunden. Farbe und Form dieser braunen Schuhe bleiben in Erinnerung. Eigenartig. Sofort erkennst du den Unterschied zwischen einem schlafenden und einem toten Menschen. Schau in sein Gesicht, und du weißt Bescheid.

Und der Tod hat einen eigenen Geruch. Den Geruch einer verwesenden Leiche vergisst man nicht. Viele, die diese Erfahrung machen, müssen sich übergeben. Ich ging mal durch einen Supermarkt, und der Geruch eines Verstorbenen war zwei Tage nach dem Einsatz plötzlich wieder da. Das Unterbewusstsein arbeitet einfach und unaufhaltsam weiter.

Meinen ersten Toten habe ich noch während der Ausbildung auf einem S-Bahnhof gesehen. Fahrgäste hatten in einem Waggon einen Mann entdeckt, der nicht mehr ansprechbar war. Sie informierten beim nächsten Halt das Bahnhofspersonal. Sie trugen den Mann in das Bahnwärterhäuschen und alarmierten sofort die Feuerwehr. Doch wir konnten nichts mehr für ihn tun. Der Mann hatte wohl schon eine Weile tot in der S-Bahn gesessen. Nur keiner hat es gemerkt. Man hat als Feuerwehrmann fast täglich mit dem Tod zu tun, in all seinen Variationen, von Selbsttötung über Verkehrs- und andere Unfälle, dem einfachen Entschlafen, aber auch bis hin zu Mord. Doch ganz ehrlich, ich habe – bis auf meinen ersten Toten und ein paar außergewöhnliche Fälle – die allermeisten vergessen. Vermutlich ist es auch besser so, ich denke, das ist eine Art innerer Selbstschutz.

Egal, ob einer an Gott glaubt oder nicht, ob er Christ ist oder Muslim – ein Ritual befolgen fast alle Feuerwehrleute, wenn sie auf einen verstorbenen Menschen in einer Wohnung stoßen: Sie öffnen das

Fenster, um die Seele rauszulassen. Das steht natürlich in keiner Dienstvorschrift. Auch den gängigen Lehrbüchern der Feuerwehr wird das kaum ein eigenes Kapitel wert sein. Aber praktiziert wird es eigentlich immer. Es ist ein ungeschriebenes Gesetz und festes Ritual.

Kurz vor Mitternacht wird über die 112 der Rettungswagen angefordert. »HP« – Hilflose Person – lautete das Stichwort der Einsatzzentrale. Diese allgemeine Beschreibung erfolgt oft, wenn nicht genau zu eruieren ist, was anliegt, und der Anrufer keine exakte Beschreibung des Falles geben kann. Es ging zum Einsatz nach Pankow. Eine Frau Mitte dreißig lag im Bett. Ihr Freund und Lebensgefährte hatte die Feuerwehr alarmiert. Als wir eintrafen, stellten wir akute Atemnot fest. Die Frau hatte Gebärmutterhalskrebs im Endstadium. Sie war ganz blass und hatte – vermutlich durch die vielen Chemotherapien und Tabletten – kaum noch Haare auf dem Kopf. Wie uns ihr Lebensgefährte später erzählte, hatten ihr die Fachärzte nur noch eine kurze Lebenszeit prognostiziert. Deshalb wollte sie wohl ihre letzten Tage zu Hause verbringen.

Wir betraten die Wohnung. Der Fernseher lief. Ihr Mann weinte. Zuerst wurde die Blutdruckmanschette angelegt und der Blutdruck gemessen. Die Sanitäterin konnte kaum den Puls fühlen, und der Blutdruck war nicht messbar. Während sie mit ihr sprach, trübten sich die Augen der Frau ein. Sie verlor das Bewusstsein, und der Atem setzte aus. Schnell hoben wir sie aus dem Bett auf den Fußboden, um die Wiederbelebungsmaßnahmen einzuleiten. Ich beatmete die Frau, und die Sanitäterin drückte auf den Brustkorb. Während sie drückte, merkte sie, wie die Rippen der Frau brachen. Der Krebs hatte den Körper schon so zerfressen, dass keine Muskeln mehr für die Stabilität der Knochen sorgten. Eine Rettung war nicht mehr möglich. Unter den Händen der Sanitäterin starb die Frau. Der Notarzt stellte den Todeszeitpunkt fest, protokollierte alles und schrieb den Totenschein aus. Da der Fall eindeutig war, wurde auf das Hinzuziehen der Polizei verzichtet. Die Frau wurde auf dem Boden mit einer Decke zugedeckt. Das Fenster wurde geöffnet. Der Bestatter wurde angerufen. Ihr Lebensgefährte blieb allein mit ihrem Leichnam in der gemeinsamen Wohnung zurück, bis die Bestatter sie mit einem Sarg abholten.

Später merkten wir, dass unsere noch junge Sanitäterin mit den Erlebnissen schwer zurechtkam. »Eben noch hatte ich mich mit der Frau unterhalten. Jetzt ist sie tot«, sagte sie auf der Wache und legte sich betrübt und niedergeschlagen zur Ruhe. Es war mittlerweile weit nach Mitternacht. Sie war allein im Schlafraum der Bereitschaft und hatte, wie sie mir später erzählte, eine eigenartige Erscheinung. In dem Raum, wo sie schlief, öffnete sich plötzlich die Tür. Und sie konnte ganz genau sehen, wie die vor wenigen Stunden unter ihren Händen verstorbene Krebspatientin eintrat. Sie sagte nur wenige Worte zu ihr: »Mach dir keine Gedanken um mich. Mir geht es jetzt gut.« Sie drehte sich um und verließ lautlos den Raum. Dieses Erlebnis – so mysteriös es klingen mag – half unserer Sanitäterin, ihren ersten Toten zu verarbeiten. »Es war wie eine Lossprechung«, sagte sie. Ich persönlich sehe die Sache mit etwas Skepsis. Denn wer zu viele emotionale Bindungen bei seiner Arbeit aufbaut, bekommt früher oder später Probleme. Schuldgefühle dürfen sich meiner Meinung nach gar nicht erst entwickeln. Sicher ist einem manchmal mulmig in dunklen, verqualmten Kellern ohne Licht, wenn man nicht weiß, was auf einen zukommt. Aber man ist ja eigentlich nie allein. Immer ist eine ganze Mannschaft bei einem Einsatz vor Ort. Angstgefühle durch Einsamkeit oder Isolation habe ich im Job nie gehabt. Vielleicht liegt es daran, dass wir meist mit viel Trara, schnell, laut und mit hoher Geschwindigkeit unterwegs sind, was innerlich schon den Adrenalinpegel vor dem Einsatz auf ein gewisses Niveau hochschnellen lässt.

Bereits in der Ausbildung wird den angehenden Feuerwehrleuten und Sanitätern vermittelt, über

diese schweren Fälle, die einen nicht loslassen wollen, viel untereinander und miteinander zu sprechen. Aber in der Praxis sieht es oft anders aus. Eher
machen die Kollegen einen Spaß, als dass sich die
Männer über das Erlebte austauschen. Bei schweren
und tragischen Fällen schwiegen wir oft auf der
Rückfahrt. Liegt das an der Dominanz falscher
Männlichkeitsvorstellungen? Auch von meinen Kollegen habe ich kaum gehört, dass sie sich zu Hause
mit der Frau oder Freundin über die Dramatik eines
Einsatzes unterhielten. Und ich weiß von gestandenen Feuerwehrmännern, dass es Jahre dauern kann,
bis sie über bestimmte Einsätze und ihre Gefühle dabei sprechen.

10. Halbtote Suffköppe: Kotze, Kacke, Krach – unsere Stammkunden

Immer wieder müssen wir Feuerwehrleute uns auch zu jenen Zeitgenossen aufmachen, die gern mal ein paar Gläser zu viel trinken, die hilflos und nicht mehr ansprechbar sind. Eigentlich schlafen viele von ihnen nur in aller Ruhe ihren Rausch aus. Sie liegen im, vor, hinter oder unter ihrem Bett. Sind völlig dumpf und breit. Ein Nachbar, naher Verwandter, nicht selten auch ein Zechkumpan ruft in der Notzentrale an. Wenn wir dann in den rumpeligen, streng riechenden Wohnungen eintreffen, bekommen sie meist gar nicht mit, dass die Feuerwehr in ihrem Zimmer steht. Da hat sich jemand ernsthaft Sorgen gemacht: »Er meldet sich gar nicht mehr. Müsste eigentlich zu Hause sein. Das ist nicht normal«, bekommen wir zu hören. Aber wenn wir Feuerwehrmänner dann im Wohnzimmer stehen und ein kleines Häufchen Elend vollgekotzt und zugekackt vor dem Sofa liegen sehen, klärt sich vieles schnell auf … Leider macht diese Art von jährlich zunehmenden Feuerwehreinsätzen vor keiner Altersgruppe halt.

Das Problem ist nur, dass sich diese Typen bevorzugt mitten in der Nacht melden. Einsätze wie der folgende sind keine Seltenheit: »Mein Arm tut weh und mein Rücken schmerzt.« Ich frage: »Wie lange denn schon?« – »Seit drei Tagen.« – »Dann geh doch morgen zum Allgemeinarzt und rufe nicht den Notruf mit deinen Wehwehchen an«, erkläre ich. »Ihr müsst aber kommen, wenn ich euch brauche. Ich bezahle schließlich Steuern, von denen ihr euren Gehaltsscheck bekommt«, lallt der Mann mit den Rückenschmerzen. »Dass du noch Steuern zahlst, das gloob ick nich«, sagt ein Kollege in den Raum. Vermutlich weiß der Betrunkene aber, dass kein Kollege beim Notruf ihn dort abweisen würde, auch wenn er bereits zum dritten Mal in einer Woche die 112 wählt. Doch wer würde in so einer Situation nicht ungehalten reagieren?

Zu dieser Sorte »Stammkunden« zählten auch zwei Brüder um die dreißig Jahre, die uns gern mehrfach in der Woche – bevorzugt nachts um zwei oder drei Uhr – über die Notrufzentrale kommen ließen. »Die zwei verrückten Brüder«, wie sie auf der Wache intern hießen, waren arbeitslos und lebten zusammen in einer Sozialwohnung. Als wir bei ihnen mal wieder »zu Besuch« waren, weil einer von beiden am Arm blutete, verlor ein von uns wegen seiner dunklen Haare »Italiener« genannter Kollege die Geduld. »Nur weil du dir deinen frischen Zugang aus dem

Arm reißt, sollen wir dich wieder ins Krankenhaus fahren? Kannst du dir nicht vorstellen, dass es zur selben Zeit Menschen gibt, die ernsthaft unsere Hilfe benötigen?« – »Aber ich blute doch«, sagte der eine der verrückten Brüder und grinste ihn dabei auch noch schief an. Da reichte es dem Kollegen, der für sein Temperament bekannt war. Er zog sein Messer aus der Hosentasche und ging mit diesem auf einen großen weißen Vogelkäfig zu. Darin saß »Röschen« – ein rosa Papagei. Mit seinem Messer fuhr der Italiener an den Gitterstäben des Käfigs entlang. Dabei gab es jedes Mal ein lautes, schepperndes Metallgeräusch. »Wenn wir diese Nacht oder diese Woche noch einmal kommen müssen, mache ich Röschen alle. Dann ist der Vogel dran!« – »Nein, bitte nicht. Nur nicht Röschen!«, schrie der sichtlich verängstigte verrückte Bruder. »Mir geht's auch schon besser«, jammerte er. Offensichtlich hatte diese Warnung ihre Wirkung nicht verfehlt: Wir hörten so schnell nichts wieder von den beiden verrückten Brüdern, und »Röschen« blieb unversehrt.

Gelegentlich sind deutliche Worte hilfreich. Auch wenn es Menschen betrifft, die eine Behinderung haben, wie die fast blinde Epileptikerin Mitte fünfzig mit ihrem Schäferhund, die uns regelmäßig wegen ihrer Herzbeschwerden kommen ließ. Das Problem bei dieser Dame war nur, dass sie extrem unhöflich, ja regelrecht aggressiv zu ihren Helfern war. Sie beschimpfte uns bei jedem Einsatz auf das Übelste. »Ihr blöden Arschlöcher«, war noch eine ihrer harmlosen Wortattacken. Bei einem Einsatz war ein Polizist dabei. Ihm platzte irgendwann der Kragen: »Wenn nicht gleich Ruhe ist, erschieße ich das Vieh«, rief er entnervt. »Du kannst doch nicht den Hund erschießen, der kann doch nichts dafür«, entgegnete ich. Etwas leiser und zu mir gewandt entgegnete er nur lakonisch: »Ich meinte doch nicht den Hund …« Hatte sie das gehört oder nicht? Seine sicher etwas überzogenen Worte schienen zu wirken. Die Frau beruhigte sich. Die Schimpfkanonaden uns gegenüber endeten abrupt, und für den Rest unseres Einsatzes schwieg sie, so dass wir uns ihren Herzrhythmusstörungen widmen konnten.

Auch »Marianne« war einer jener Menschen, die wir nicht nur einmal trafen. »Marianne«, hörten wir schon laut und langgezogen den Ruf in die Nacht. »Ma-a-ri-i-a-ann-eee«, immer wieder »Ma-a-ri-i-a-ann-eee«. Wir wurden zu einer Baustelle gerufen. Dort gab es einen hohen Baukran. Auf diesem Kran saß nicht Marianne, sondern ein Mann, der immer wieder den Namen seiner Exfrau Marianne rief. Er drohte runterzuspringen, wenn seine Marianne nicht zu ihm zurückkehren würde. Der Zugführer stieg auf den Kran und redete mit dem Mann. Ich war selbst ein halbes Dutzend Mal bei den Marianne-Einsätzen. dabei. Immer lief es nach demselben Muster ab. »Marianne«-Rufe vom Kran. Wir fuhren hin. Überzeugten den Mann runterzukommen. Übergaben ihn der Polizei und diese ihn später einem Amtsarzt. Lange weggesperrt war er wohl nie.

Als wir wieder einmal zu einem Kran gerufen wurden, auf dem sich ein Mensch befand, weil er sich das Leben nehmen wollte, war es ebenfalls schon nachts und still. Feuerwehrkollege Uwe rief in die Nacht »Mari-i-a-ann-ee«, und als ob er es geahnt hätte, kam oben vom Kranausleger zur Antwort, in dieser typischen, langgezogenen norddeutschen Art »Ma-a-ri-i-a-ann-eee«. Da war er wieder, unser Stammkunde »Marianne« …

Wir konnten auch das mit Humor nehmen. Es gab ein ungeschriebenes Gesetz: Wenn die Leute nett zu uns waren, waren auch wir nett zu ihnen. Das galt auch für die Stammkunden.

Wenn wir zu einem Verkehrsunfall gerufen wurden, bei dem es einen verletzten Fahrradfahrer gab, dann nahmen wir auf seine Bitte selbstverständlich sein kaputtes Rad im Rettungswagen oder Löschfahrzeug mit, wenn es nicht noch zur Beweisaufnahme durch die Polizei benötigt wurde. Das war zwar nicht regelkonform, aber wir halfen gern.

11. Sinnlose Einsätze? Fehlalarme und andere Peinlichkeiten

Sonntagabend. Thomas und Kerstin Müller haben es sich auf dem Sofa gemütlich gemacht. Ihre Kinder sind bereits im Bett. Vor Thomas auf dem Couchtisch steht ein kühles Bier. Kerstin schmiegt sich an ihren Mann und greift von Zeit zu Zeit in die große silberne Schale mit den Kartoffelchips. Im Fernsehen läuft der »Tatort«. Die Spannung steigt von Minute zu Minute. Wohlige Gruselstimmung breitet sich im Wohnzimmer aus, die nur hin und wieder vom geräuschvollen Schnurpsen beim Biss in die Chips unterbrochen wird. Im Krimi ist ein Polizist des Sondereinsatzes dem Mörder auf der Spur. Gleich, ja gleich hat er ihn dingfest gemacht … Doch plötzlich kracht es im Flur von Thomas und Kerstin Müller gewaltig. Holz splittert. Glas geht zu Bruch. Die Tür des Wohnzimmers wird spontan aufgerissen. Und vor ihnen stehen sechs Männer in voller Feuerwehrmontur: »Guten Abend, wir sind von der Berliner Feuerwehr. Uns wurde bei Ihnen ein Wohnungsbrand gemeldet«, sagt unser Zugführer mit Schweiß auf der Stirn unter seinem Feuerwehrhelm.

Kerstin Müller rutscht die Schale mit den Chips aus den Händen, und vor Schreck stößt ihr Mann Thomas das halbvolle Glas Bier auf dem Tisch um. »Was ist passiert?«, stammelt er. Nebenan sind die Kinder durch den Lärm aufgewacht und fangen an zu weinen.

»Ein Mann meldete sich in der Leitzentrale, weil er vermutete, dass in der Mietskaserne hier im Prenzlauer Berg etwas passiert ist. Wir bekamen einen Notruf mit dem Stichwort ›Rauchschwaden und unbestimmtes Feuer in einer Wohnung‹. Der Anrufer sah schwarzen Qualm aus einem offenen Fenster austreten und gab ihre Adresse an. Weil wir nichts sahen, aber exakt ihre Straße und Hausnummer hatten: Vordereingang, dritter Stock links, haben wir mehrfach unten geklingelt und später auch laut geklopft«, sagt der Einsatzleiter. »Und da keine Reaktion erfolgte, sahen wir uns gezwungen, die Tür einzutreten. Immerhin handelt es sich um eine Notfallmeldung von der Zentrale ...«, rechtfertigt er sich. »Aber hier ist nichts«, sagt Thomas Müller und ergänzt: »Ja, die Klingel am Eingang ist seit zwei Wochen defekt, und aus unserem offenen Badfenster rauche ich gelegentlich – aber ohne Rauchschwaden. Doch nicht am Sonntagabend, da schauen wir den ›Tatort‹, und wenn der läuft, hören wir kein Klopfen an der Wohnungstür.« Nach dem Adressenabgleich mit der Leitzentrale herrscht erst einmal Ratlosigkeit. »Wir können uns für die Störung nur entschuldigen«, erklärt unser Zugführer wenige Minuten später, nachdem er erneut mit der Zentrale telefoniert hatte. »Der entstandene Schaden wird selbstverständlich von uns reguliert«, sagt er und übergibt den Müllers einen Handzettel mit Telefonnummern und Ansprechpartnern.

Erst einige Stunden später stellte sich heraus, dass sich die Einsatzleitung wohl in der Straße geirrt hatte. Der dortige Schwelbrand, ausgelöst durch einen Kurzschluss im Bad von einem alten Föhn, war durch die Bewohner selbst unter Kontrolle gebracht worden. Es passiert nicht oft, aber es gibt sie: Fehleinsätze bei der Feuerwehr. In der Regel stehen dahinter Kommunikationspannen. Manchmal auch ein Böser-Jungen-Streich, der aber im Mobilfunkzeitalter in den meisten Fällen zurückverfolgt werden kann. Denn wer die Feuerwehr ohne Not oder einfach nur aus Jux zu einem unliebsamen Nachbarn ruft, macht sich strafbar.

Andere vermeintliche Notfälle laufen nach einem wiederkehrenden Muster ab. In der Notrufzentrale geht am Wochenende der Anruf eines besorgten Familienvaters ein: »Der Opa meldet sich nicht mehr! Eigentlich müsste er zu Hause sein. Wir waren schon zwei Mal dort. Haben Sturm geklingelt und geklopft. Aber er macht einfach nicht die Tür auf.« Der Sohn und die Enkel wollten nahe dem Lichtenberger Bahnhof ihren Opa besuchen, der seit Omas Tod allein und nur mit seiner Katze »Blacky« zusammenwohnt. Der Sonntagsbesuch war seit langem fest vereinbart. Man hatte sich verabredet und aufeinander gefreut. Sogar ein Kuchen wurde eigens von der Schwiegertochter gemeinsam mit den Enkeln gebacken. Diese Art von Einsatzmeldungen erreichen uns nicht selten am Wochenende – oft am Nachmittag zur Kaffeezeit. Die ganze Familie hat sich schick gemacht und steht pünktlich um Viertel nach drei vor Opas Wohnungstür. Aber Opa öffnet nicht. Warum? Wo ist er? Hier stimmt etwas nicht! Auch der Nachbar weiß keinen Rat. Gestern Abend hat er ihn noch bei den Mülltonnen gesehen, als er Plastik in die gelbe Tonne entsorgte. Er war – wie immer – zu einem Späßchen aufgelegt gewesen. Man kennt ja diese alten Herren mit ihrem Berliner Urwitz, Schnauze mit Herz. Aber nun? Wo ist Opa? Warum öffnet er nicht? Man muss das Schlimmste befürchten … Nach vielem Klopfen, Klingeln und Rufen muss die Familie handeln, und der Vater ruft bei der 112 an.

Und schon sind wir unterwegs zu Opa. Notfallmeldung ist immer eine Minutensache. Auch wir klingeln und klopfen zuerst. Viele Male. Kräftig und laut. Nicht selten passiert es, dass uns nach einigen Minuten tatsächlich geöffnet wird, bevor wir weitere Maßnahmen ergreifen müssen wie das gewaltsame Öffnen einer Tür oder des Fensters.

Später stellt sich dann zum Beispiel heraus, dass die Klingel abgestellt war, weil Opa halt sein Mittagsschläfchen machte. Er wollte einfach seine Ruhe haben und nicht von den nervigen Austrägern der Reklameprospekte geweckt werden, die wahllos klingeln, nur um ihre Tonnen von Werbemüll in die Hausbriefkästen zu streuen.

Oder der Opa war spontan auf den Fußballplatz gegangen, weil die Kiezmannschaft »Alte Herren E-Liga« um den Klassenerhalt kämpfte. Das hatte er nur vorher keinem gesagt. Opa vergisst schon einmal was. Und seine Verwandten wussten es einfach nicht. Manchmal klopfen wir halt stärker als andere – und siehe da, der Opa öffnet doch noch: »Tja, das tut mir aber leid, jetzt. Wollen se nicht rinkomm uff'n Kaffee und 'n Stück Streuselkuchen?« – »Nein, danke, Opa … Unser Pieper geht schon wieder. Der nächste Einsatz ruft. Alles Gute. Und nächstes Mal: bitte besser aufpassen und Opas Gewohnheiten checken!«, sagt zum Abschied der Einsatzleiter, und wir ziehen weiter.

Dort, wo tatsächlich niemand die Tür öffnet, das viele Klingeln und Klopfen vergeblich ist, da schauen wir Feuerwehrleute uns erst einmal genau um. Ist außen eventuell ein Fenster angeklappt? Können wir da rein? Eine Eingangstür ist mit einem Rammbock schnell zerstört … So war es auch an einem Septemberabend in Lichtenberg. Der Einsatzbefehl lautete »Unfall in Wohnung«. Das Löschfahrzeug, die sogenannte Spritze, mit sechs Feuerwehrleuten rückt zwei Minuten später aus. Unser Maschinist Kalle fährt das Löschhilfeleistungsfahrzeug, kurz LHF. Er bedient bei Feuer auch die Pumpe. Der Zugführer ist quasi der Chef und verantwortet den ganzen Einsatz. Hinter ihm sitzt der A-Trupp, das sind die Kollegen, die anpacken und alles umsetzen müssen, was der Chef sagt, zum Beispiel bei einem Verkehrsunfall das Fahrzeug mit einer hydraulischen Schere aufschneiden. Oder, wie in diesem Fall, in die verschlossene Wohnung einbrechen, um das Feuer zu löschen. Vor dem Einsatz wird jeder für eine Position eingeteilt. Alle Feuerwehrleute sind prinzipiell so ausgebildet, dass jeder alles machen kann: vom Fahrer über den Maschinisten an der Drehleiter bis zum Löschtrupp. Der Gruppenleiter hat das Kommando. Ein Rettungswagen mit drei weiteren Feuerwehrleuten fährt mit Blaulicht hinter uns.

Die Wohnung, zu der wir fuhren, befand sich im ersten Stock. Das Fenster zum Bad war nur angekippt. Eine Leiter wurde von außen angestellt, und das Fenster konnte ohne Glasbruch schnell und geräuschlos geöffnet werden. »Das, was Schlitzohren können, kann die Feuerwehr schon lange!«, sagte Kalle immer. Was normalerweise unter Hausfriedensbruch läuft, ist bei uns Dienst nach Vorschrift. Als Vollzugsbeamte haben wir Rechte, die jenseits normaler strafbarer Handlungen liegen.

Zu zweit standen wir nun im Badezimmer. Jeder Einsatz muss immer zu zweit über die Bühne gehen, damit es immer einen Zeugen gibt, falls mal was wegkommt oder andere unvorhergesehene Dinge passieren. Wir stehen also in der uns unbekannten Wohnung und rufen mehrfach »Hallo, hallo – ist da wer?«. Dann machen wir die Tür zum Badezimmer auf und stehen im Flur. Hier ist es dunkel und alles okay. Komisch, kein Brandgeruch. Aber dort flackert etwas, durch das Türglas! Feuer? Die Tür wird schnell geöffnet. Wir stehen im Wohnzimmer. Heimatklänge aus Tirol werden übertragen. In einer Baude singt eine Trachtengruppe vor einem lodernden Kamin. Eine ältere Dame sitzt mit Kopfhörern vor der Glotze. Als sie uns sieht, fällt ihr die Fernbedienung aus der Hand. »O Gott, die Feuerwehr!«, ruft die Dame. »Ist bei Ihnen alles in Ordnung?« – »Ja, bis jetzt ja. Wo brennt es denn?«, fragt sie verstört. »Das war wohl nicht die Wohnung von Opa«, sagt Kalle. »Sorry«, sage ich zu der bleichen Frau, »hier ist wohl was schiefgegangen«. Immerhin mussten wir nicht mehr über die Leiter aus der Wohnung, sondern konnten ganz normal die Eingangstür benutzen. Unten im Flur angekommen, merkten wir dann: Wir waren in den falschen Eingang beordert worden: 36 b und nicht 36 a ... Als wir nebenan klingelten, waren wir erfolgreicher. Der Sohn des älteren Herrn, der den Notruf an die Zentrale abgesetzt hatte, öffnete uns die Tür höchstpersönlich, und wir fuhren seinen Vater mit einem Rippenbruch und Herzproblemen in die nächste Klinik ...

Fehlalarme sind keine Seltenheit. Insider gehen an Wochenenden von fast fünfzig Prozent aus. Mehr als die Hälfte der Fälle mit älteren Personen, mit denen ich zu tun hatte, waren ohne ernsten Hintergrund. Ob das nicht frustrierend sei, fragte mich kürzlich ein Freund. »Nein«, sagte ich ihm im Brustton der Überzeugung. »Man ist immer froh, nichts oder nur eine harmlose Situation vorzufinden, statt Verletzte bergen zu müssen oder Schlimmeres.«

Bei einem skurrilen Einsatz öffnete der Betreffende nicht die Tür, und wir bohrten das Türschloss auf. Gerade als wir die Schraube zum Abziehen ansetzten, ging die Wohnungstür auf. »Wat bohr'n Se bei mir rum?« – »Ja, wir sind die Feuerwehr – machen Sie doch mal die Tür auf.« – »Ick mach die Tür uf, wann ick will.« Rums. Die Tür fällt wieder ins Schloss. Dem Mann ging's gut! Und wir fuhren unverrichteter Dinge zur Wache zurück.

12. Brände: Flashover im Bordell – Das Visier schmilzt – Eine brennende Mülltonne – Gratisfrühstück

In einem Westberliner Bordell gab es eine Durchzündung, einen sogenannten Flashover. Unsere guten alten Feuerwehrjacken aus schwarzem Rindsleder sind damals zusammengeschrumpft wie Plastik in der Glut. Wir hätten es eigentlich ahnen können, im Innenfutter der Jacken war »nicht der Hitze aussetzen« zu lesen. Da hatte wohl jemand nicht aufgepasst. Einige der Kollegen mussten damals mit schwersten Brandverletzungen ins Krankenhaus. Im Anschluss gab es von der Feuerwehrgewerkschaft organisierte Demonstrationen mit der Forderung nach mehr Sicherheit am Arbeitsplatz und konkret für eine bessere Berufsbekleidung. Neben den brennbaren Jacken waren wir bis dahin noch mit Baumwollhosen ausgestattet. Der öffentliche Druck brachte den Wandel, und die Verwaltung führte die noch heute gebräuchlichen Nomexanzüge ein. Sie hatten integrierte Sturmhauben und Kapuzen, um den Kopf zu schützen.

Wenn der »Alarm zum Feuer« kommt, gibt es am Brandherd einen klaren Ablauf. Oberstes Prinzip ist die Rettung von Menschen. Erst dann geht es an die eigentliche Feuerbekämpfung. Wir suchen erst alles ab. Kinder verstecken sich zum Beispiel gern in Schränken oder unter Betten. Das Absuchen ist oft schwierig, da durch den Qualm und Rauch die Sicht sehr schlecht ist. Auch mit einer Wärmebildkamera kann man sich optisch nur schwer orientieren, und vieles geht nach Gehör. Finden wir einen Bewohner, der noch laufen kann, kommt er unter eine sogenannte Fluchthaube, die Kohlenmonoxid abhält und für eine gewisse Zeit vor dem Tod durch Ersticken schützt. Es kam auch schon vor, dass wir unsere Masken an zu rettende Menschen weitergaben und selbst die Luft anhielten, obwohl das nicht den Vorschriften entspricht. Erst wenn wir sicher sind, dass sich niemand mehr in den brennenden Räumen aufhält, widmen wir uns dem Feuer.

Nicht immer ist klar, ob der Strom abgeschaltet wurde. Da aber meist keine Zeit bleibt, um den Sicherungskasten zu suchen, der sich vielleicht sogar im Keller befindet, wird Wasser aus dem Schlauch auf die erstbeste Steckdose gehalten. Es gibt einen sichtbaren Kurzschluss, die Sicherungen springen raus, und man kann gefahrloser löschen.

Die Orientierung im Feuer ist schwierig, und manches Mal sieht man erst im Nachhinein, wie gefährlich es hätte werden können. Wie bei einem Brand in der 19. Etage, wo die Wände zum Aufzug schon komplett zerstört waren. Nicht auszudenken, wenn einer der Kollegen hier einen falschen Schritt gemacht hätte und in den Fahrstuhlschacht gestürzt wäre.

Bei einem Dachstuhlbrand war nicht sicher, ob sich dort oben noch ein Mensch aufhält. Ich lief hinauf. Es war eine so große Hitze, dass das Visier meines Helms zu schmelzen begann. Es gibt wohl kaum einen Feuerwehrmann, der sich noch nie verbrannt oder verbrüht hat. Ich entdeckte einen am Boden liegenden Menschen. Aber es war für ihn zu spät. Er war schon vom Feuer entstellt. Dann gab es volles Wasser aus dem Rohr. Nachdem der Brand gelöscht war, wurde die Leiche geborgen. Wir begannen mit den Restlöscharbeiten und räumten auf. Glutnester können sich überall verstecken. Deshalb werden Möbel aus den Fenstern geworfen, mit der Kettensäge der Fußboden geöffnet und Dachbalken mit der Axt kontrolliert.

Mit meiner Feuerwehrausrüstung – Helm, Anzug und Stiefel – hatte ich immer das Gefühl, unverletzbar zu sein. Das machte mich stark. Wer erfolgreich ein Feuer bekämpft hat, spürt einen gewaltigen Adrenalinstoß. Man fühlt sich, als könnte man Bäume ausreißen, obwohl man stundenlang körperlich schwer gearbeitet hat. Auch aus diesem Grund gab es nach dem Löschen des Brandes auch schon ulkige Situationen, wenn zum Beispiel ein Kühlschrank entdeckt wird und dieser noch Getränke enthält, gönnt man sich gern mal eine noch fast kühle Cola. Ein anderes Mal sah ich eine Schale mit frischen Erdbeeren, die natürlich von einer schwarzen Rußschicht bedeckt waren. Zügig wurden die »Feuererdbeeren« abgeputzt, und ob man es glaubt oder nicht: sie schmeckten noch gut.

Besondere Aufregung herrscht im LHF, wenn wir zu großen, weit sichtbaren Bränden ausrücken. Auf der Landsberger Allee gegenüber dem Sport- und Erholungszentrum (SEZ) brannte auf über 150 Metern Länge die Dachpappe auf einem Neubau. Wir sahen die Rauchsäule schon kurz nach Verlassen der Wache. Das gleiche Rauchsignal gab in Friedrichshain ein Haus ab, das über mehrere Etagen brannte. Als der Deutsche Dom 1994 auf dem Gendarmenmarkt bei Sanierungsarbeiten Feuer fing, fuhren die Kollegen erst einmal zum Berliner Dom, weil jemand die Kirchen verwechselt hatte. Aber auch hier diente die Rauchsäule zur Orientierung, so dass sie nur zwei Minuten länger als geplant benötigten.

Ordentlich gelodert und weit sichtbar schwarz gequalmt hat es auch bei einem Einsatz in Schmöckwitz, als dort am Abend des 30. April 2005 eine rund 1000 Quadratmeter große Halle des ehemaligen Reifenwerks abbrannte. Über 48 Stunden lang brannten alte LKW-Reifen. Es war der größte Brand in Berlin seit dem Zweiten Weltkrieg. 150 Feuerwehrleute aus

Berlin und Brandenburg wurden mit 55 Wagen zur Bekämpfung des Brandes eingesetzt. Zu ihrer Unterstützung kamen sogar Löschboote. Die Wasserversorgung und die erforderliche Verteilung des Wassers über ihre Pumpen mit einer Leistung von 5000 Litern in der Minute lief fast komplett über sie. Während der Ausbildung bin ich auch einige Male auf den Feuerwehrbooten auf dem Wannsee und dem Großen Müggelsee mitgefahren. Aber mehr als das Legen von Ölsperren, weil ein Frachtschiff vermutlich illegal sein Altöl im Wasser entsorgt hatte, habe ich dort nicht erlebt. Die Flotte der Feuerwehrboote geht in Berlin seit Jahren zurück. Mittlerweile gibt es nur noch zwei einsatzfähige Schiffe mit entsprechender Besatzung. Beim Brand des Reifenwerkes hätten wir ohne ihre Unterstützung das Feuer nicht so schnell unter Kontrolle bekommen.

Spektakulär war das Feuer in einem Papierlager in Spandau. Über 28 Stunden hatten diverse Feuerwehrzüge mit der Brandbekämpfung der teils zwanzig Meter hohen Flammen zu tun, was mit einem normalen Wohnungsbrand überhaupt nicht zu vergleichen war. Teilweise mussten die Flugzeuge beim Landeanflug nach Tegel durch die Rauchsäulen fliegen. Bei einem Brand von dieser Dimension folgt nach vier Stunden eine Ablösung. Das ist so Vorschrift und macht bei der Hitze, dem Rauch und der körperlichen Anstrengung unter permanenter, hoher Konzentration auch Sinn. Dann geht es erst einmal auf die Wache. Man duscht, ruht sich aus und bereitet sich so auf den erneuten Einsatz nach vier Stunden vor. Die Wache war so etwas wie mein zweites Zuhause. Hier unter den Kollegen fühlte ich mich wohl, konnte nach Einsätzen entspannen und private Probleme vergessen.

Ich kann mich an einen Kollegen erinnern – er hieß mit Spitznamen Macke –, der hatte mit dem Feuer einfach kein Glück. Immer wenn er auf dem A-Trupp war, brannte es einfach nicht, es war wie verhext. Er hatte, wie ein Kollege treffend sagte, »einen toten Vogel in der Tasche«.

Aber eines Tages sahen wir eine brennende Mülltonne. Wir wussten, dass Macke auf dem A-Trupp saß, und alarmierten die Kollegen über Funk. Es war zwar nur eine Mülltonne, aber es war eine offene Flamme. Das Auto war unterwegs, aber die Mülltonne drohte von allein auszugehen. Schnell wurde von hilfsbereiten Kollegen etwas Brennbares zusammengesammelt, und die Tonne brannte bei seinem Eintreffen wieder ganz ordentlich. Macke kam und löschte dieses Höllenfeuer unter dem tosenden Applaus aller anwesenden Feuerwehrmänner. Und diese bekamen dank dieser Premiere einer erfolgreichen Brandbekämpfung ein Frühstück mit frischen Schrippen, Wurst, Käse, Kaffee und Tee spendiert!

Neben Premieren wie der mit Macke und seinem »toten Vogel in der Tasche« gab es noch einen weiteren Anlass für ein Gratisfrühstück für alle. Wer einen Alarm verschlief, musste ebenfalls zahlen. Am Tag war das recht unwahrscheinlich, aber nachts durchaus möglich. Auf der Wache gab es nur Zweibettzimmer, und davon ausreichend, so dass man meist ein Zimmer für sich allein zum Schlafen bekam. Das war gut, wenn man Ruhe haben wollte, schlecht, wenn man einen tiefen Schlaf hatte, obwohl der Alarm ziemlich laut war. Als Erstes ging eine Lampe an, das sogenannte Alarmlicht, dann ertönte ein Gong, und eine nette Stimme sagte, welches Fahrzeug warum wohin fährt. Nun hatte man zwei Minuten Zeit, aufzuwachen, in die neben dem Bett stehenden Stiefel zu schlüpfen, die darübergestülpte Hose hochzuziehen und zu seinem Auto zu rennen. Ich muss zugeben, dass ich in meiner Anfangszeit auch einmal wach wurde und aus meinem Zimmerfenster beobachten konnte, wie der Löschzug ohne mich rausfuhr. Also legte ich mich wieder hin und schlief weiter. Das habe ich allerdings nicht oft probiert. Nach der Rückkehr des Löschzugs weckte mich die gesamte Mannschaft durch grelles Licht und mittels zahlreicher Topfdeckel. Ich war nun 20 DM ärmer, und meine Kollegen bekamen ein Gratisfrühstück.

13. Freiwillige und Profis

Wer nach einem Einsatz als Bezwinger des Feuers rußgeschwärzt mit dem Atemgerät zurückkommt, ist unheimlich stolz. Das wirkte bei mir regelrecht aufputschend: Adrenalin pur! Viele Kollegen sind nach Brandeinsätzen total aufgedreht. Unser Job ist halt nicht alltäglich. Man bekommt einen Kick. Fühlt sich wie ein Sieger im Stadion nach einem 10000-Meter-Lauf.

Manches Mal habe ich mich deshalb schon gefragt, ob es wegen dieser Gefühle immer noch so viele freiwillige Feuerwehrleute in Deutschland gibt. Und es gibt auch immer wieder Fälle, wo ein Feuer künstlich erzeugt wird, indem jemand von der Freiwilligen Feuerwehr selbst zum Brandstifter wird. Bei Berufsfeuerwehrleuten habe ich von solch extremem, ja, krankhaftem Verhalten bislang nie gehört. So gab es einen freiwilligen Feuerwehrmann aus Berlin-Hohenschönhausen, der über 120 Brände legte. Leider habe ich es diesem Pyromanen auch zu verdanken, dass ich heute nicht mehr bei der Feuerwehr arbeiten darf. Als wir wieder einmal bei einem von ihm gelegten Brand einen Dachstuhl löschen mussten, sprang ich durch ein Fenster. Dabei verletzte ich mir das rechte Knie. Für einige Zeit musste ich auf ärztliche Anweisung hin pausieren. Und es dauerte auch länger als gedacht, bis ich wieder gut laufen konnte. Ein fußkranker Feuerwehrmann kann keine Einsätze machen, und so musste ich im Innendienst bleiben, was auf Dauer frustriert.

Natürlich gibt es sie, die scharfe Grenzziehung zwischen den Freiwilligen und uns, den Berufsfeuerwehrleuten. »Klar sind wir etwas Besseres«, räumen viele meiner Kollegen offen ihren Standesdünkel ein. »Erst wir Profis bringen Ruhe in den Ernst der Lage. Also Platz da, jetzt kommt die richtige Feuerwehr!« Das kann man so oder ähnlich auf den Wachen immer mal hören. Viele Profis denken von sich: »Wir sind die Coolsten und löschen am schnellsten.«

Umgekehrt bin ich mir sicher, dass eine spontane Befragung unter den Freiwilligen ergeben würde, dass sie die Kollegen von der Berufsfeuerwehr oft als überheblich und lustlos empfinden. Da schwingt das Pendel dann zurück …

Doch um der Wahrheit die Ehre zu geben, ist auch jene Gruppe von Berufsfeuerwehrleuten zu nennen, die nebenbei noch bei der Freiwilligen Feuerwehr ehrenamtlich mithilft.

Wenn ich ganz ehrlich sein soll, hatten wir auf

unserer Wache in Lichtenberg keine gute Meinung von den freiwilligen Feuerwehrkollegen. Doch seit ich René Schmücker traf, einen gestandenen Feuerwehrmann aus Rudow, der neben seinem Job beim Technischen Dienst auch noch die dortige Wache der Freiwilligen leitet, sehe ich die Sache anders.

Im Unterschied zu mir liegen bei René die Feuerwehrgene in der Familie. Schon sein Vater war bei der Feuerwehr – erst bei der GASAG-Werkswehr und seine letzten zwölf Arbeitsjahre bei der Berliner Berufsfeuerwehr. Ebenso wie sein Bruder, der auch Feuerwehrmann ist. »In meiner Familie sind die Männer alle von der Feuerwehr infiziert, und so war es seit meinem vierten Lebensjahr mein Kindheitstraum, Feuerwehrmann zu werden«, gesteht René. Also war es nur folgerichtig, dass er 1981 in die Jugendfeuerwehr Rudow eintrat. Gleich nach der Schule lernte er Kfz-Mechaniker und ging nach den bestandenen Tests auf die Feuerwehrschule in Schulzendorf. Das Einzige, was ihn störte, war eine damals noch existierende Westberliner Verordnung, die es untersagte, dass Berufsfeuerwehrleute gleichzeitig Mitglieder der Freiwilligen sein durften. »Über Jahre hatte ich den Verein mit aufgebaut, da waren meine Kumpels und Freunde, und plötzlich durfte ich da nicht mehr mitmachen – das war echt bitter«, gesteht René.

Das änderte sich erst mit dem Mauerfall. Und so ist René seit 1993 wieder beides: im Hauptberuf Feuerwehrmann und in seiner Freizeit ebenso – nur im Verein organisiert, bei der Freiwilligen Feuerwehr (FF) in Rudow. Das bedeutet konkret: beim Technischen Dienst (TD) in Charlottenburg ist er Hauptbrandmeister, und sein FF-Dienstgrad lautet Brandinspektor.

Er sieht in beidem auch eine gute Ergänzung. Beim TD hat er mit den großen Dingen zu tun und wird gerufen, wenn wir mit den normalen Löschzügen nicht weiterkommen. Im Besonderen bei Gefahrguttransporten, Ölsperren und allem, was mit Umweltschutz zu tun hat. Ebenso bei schweren Unfällen, wo technisches Gerät benötigt wird, oder auch bei Taucheinsätzen. »Wenn zum Beispiel ein LKW mit Anhänger auf der Autobahn quer liegt und normale Feuerwehren nichts tun können, dann kommen wir mit unseren Sonderfahrzeugen«, erklärt René. Die 32 Männer beim Technischen Dienst in Berlin-Charlottenburg und -Marzahn müssen 36 Tonnen schwere Kranwagen ebenso lenken können wie Sonderfahrzeuge mit empfindlicher Computertechnik – beispielsweise nach Gasexplosionen. Ende der neunziger Jahre stürzte bei einer Explosion in der Lepsiusstraße ein Haus ein, und es gab fünf Tote – hier wurden René und seine Kollegen gerufen.

Dass sein Leben von und mit der Feuerwehr auch seinen Preis hat, merkte René Schmücker bald privat. Seine erste Ehe hielt nicht sehr lange. Sicher kam noch dazu, dass seine damalige Frau bei der Polizei arbeitete und damit beide im Schichtdienst tätig waren: »Das ging gar nicht«, meint er rückblickend. Seine jetzige Frau ist sehr tolerant – muss sie wohl auch sein, denn mehr als zu Hause ist René bei der Feuerwehr – entweder bei seinen Kollegen in Charlottenburg oder bei seinen Kameraden in Rudow.

»Im Unterschied zum TD, wo es nur Männer gibt, machen bei der FF mittlerweile auch fünf Mädels mit«, sagt er. Feuerwehr ist halt ein Männergeschäft, und er erinnert sich an seine Anfänge auf der Neuköllner Wache, »da war der Ton rau, aber herzlich, und es wäre für Frauen nicht einfach gewesen«. Er hat aber später auch die eine oder andere Frau auf der Wache getroffen und weiß deshalb aus eigener Erfahrung, dass Frauen auf den Wachen für ein besseres Klima unter den Kollegen sorgen.

Für Konflikte sorgt mitunter eine gewisse Konkurrenz zwischen Freiwilliger und Berufsfeuerwehr. In Berlin-Karow passierte es zum Beispiel, dass die Freiwilligen sagten: »das schaffen wir hier auch ganz gut allein« – und weg waren die Stellen der Berufsfeuerwehrleute. Das freute den Staat, denn für ihre gleichwertigen Einsätze bei Bränden, Unfällen oder Rettungsaufgaben erhalten die FF-Kameraden eine Aufwandsentschädigung von 2,56 Euro pro Stunde – sie sind ja ehrenamtlich tätige Bürger …

René und ich sind uns einig: Das ist unverantwortlich, und hier muss die Politik dringend umsteuern. Aufgabe der Freiwilligen Feuerwehr ist eine Unterstützung der Berufsfeuerwehr und kein Ersatz ihrer Arbeit. Man darf auch nicht vergessen, dass Freiwillige am Tag ganz normalen Beschäftigungen nachgehen und ihre Tätigkeit bei der FF eine zeitliche Doppelbelastung bedeutet.

Wegen der Aufwandsentschädigung ist niemand bei der FF. »Bei uns kann keiner reich werden – ganz im Gegenteil, wir sind fast alle Idealisten und bringen unser Geld noch zum Einsatz mit, wenn man zum Beispiel mit dem eigenen Auto fährt, ohne extra Kilometergeld zu erhalten«, sagt René. Ihn stören nur die rücksichtslosen Zeitgenossen, die den RTW – manche sagen auch ironisch »Pennertaxi« – nutzen, ohne wirklich in Not zu sein. »Nachts um drei Uhr ruft eine angetrunkene Frau an, weil ihr Fingernagel eingerissen ist. Oder ein Löschfahrzeug muss zu einer tropfenden Waschmaschine, ein anderes zu einem brennenden Müllcontainer, der im Hinterhof einer Mietskaserne umgefallen ist.« Die Rettungsdiensteinsätze mit dem RTW haben aber auch den finanziellen Fehlanreiz, dass sie von den Krankenkassen voll bezahlt werden. »Damit macht die Feuerwehr sogar Gewinn, und aus diesem Grund belaufen sich diese Einsätze auf vier von fünf Touren«, beklagt René.

Wer weiß, ob nicht eines Tages unser Job auch vollständig privatisiert wird. Gedankenspiele dazu gibt es immer mal wieder, und wenn man sich die Entwicklungen bei der Strafjustiz anschaut, wo die ersten privaten Gefängnisse eröffnet haben, oder auch den Einsatz von Rettungsdiensten von privaten oder halböffentlichen Anbietern – die Tendenz weist in eine klare Richtung. Selbst die Übernahme unserer Aufgaben durch viele Kameraden der Freiwilligen Feuerwehr ist ein Indiz dafür, dass der Staat spart, wo es nur geht. In der Regel haben nur Städte ab 100000 Einwohner noch eine Berufsfeuerwehr. Damit ist klar: Der überwiegende Teil des Brandschutzes wird in Deutschland durch die FF abgesichert. Berlin ist da eine Ausnahme, wo den 3600 Profis etwa 1500 Freiwillige gegenüberstehen. »Fakt ist aber, dass auch in der Hauptstadt ohne die Freiwillige Feuerwehr ein effektiver Brandschutz nicht im Ansatz gesichert wäre«, erklärt René.

Die Abläufe sind dabei klar definiert: erst kommt immer die Berufsfeuerwehr. Kein Einsatz einer Freiwilligen Feuerwehr darf zu Lasten der Berufsfeuerwehr gehen. Was aber im Umkehrschluss nicht bedeutet, dass die freiwilligen Feuerwehrleute nicht genauso intensiv und ernst in die Rettungs- oder Bergungseinsätze eingebunden sind. Sie haben auch eine Ausbildung dafür absolviert – alles neben ihrem Hauptberuf, versteht sich. »Wenn von der Leitzentrale ein Alarm ausgelöst wird, aber nur eine Grasnarbe brennt, dann fahren die Freiwilligen los«, sagt René. »Auch die Freiwilligen haben alle einen Meldeempfänger dabei, und innerhalb von vier Minuten sind wir einsatzbereit.« Nur vormittags sei es immer mal ein Problem, die Fahrzeuge zu besetzen, weil viele Kameraden auf ihrer regulären Arbeit sind. In Rudow gibt es derzeit drei Fahrzeuge: ein Löschfahrzeug, ein Tanklöschfahrzeug sowie ein eigener RTW. Auch bei der FF gilt die Faustformel: Etwa 80 Prozent der Einsätze finden im Rahmen der Rettung statt, und nur knapp ein Fünftel sind Brand- oder andere Einsätze. Monatlich haben sie etwa 100 bis 120 Alarme, was im Schnitt drei bis vier Einsätze pro Tag ausmacht.

»Es mag für Menschen, die nicht bei der Feuerwehr arbeiten, komisch klingen«, sagt René, »aber wie viele meiner Kollegen und Kameraden mag ich es, wenn's brennt. Deshalb habe ich diesen Beruf ergriffen. Es ist herrlich, wenn irgendwo Rauch aufsteigt, wir von weitem schon den Rauchpilz sehen, ein Dachstuhl in vollster Blüte brennt, wir dann in voller Montur in wenigen Minuten einsatzbereit sind und losrasen, die Schläuche ausrollen, sie an Hydranten anschließen, um dann mit vollem Wasserdruck die lodernden Flammen im Team zu besiegen. Ein Feuer zu löschen ist total cool.« Dabei nimmt er auch in Kauf, dass zur Aufgabe der Freiwilligen Feuerwehr ebenso gehört, immer mal wieder eine Katze von einem Dach oder hohen Baum zu holen oder Ölflecken auf der Straße zu beseitigen.

Beim Technischen Dienst der Berliner Feuerwehr fehlt ihm genau jene Art der Feuerwehrtätigkeit, die mit normalen Bränden zu tun hat, weil dort eben die Technik dominiert. Auch aus diesem Grund ist René Schmücker so engagiert bei der Freiwilligen Feuerwehr im Einsatz, selbst wenn es nur um das Löschen von Grasnarben oder Mülltonnen geht … Ihm ist die Arbeit im Verein und in der Freizeit ein idealer Ausgleich zum Hauptberuf. Das gilt auch für seine anderen beiden Kameraden in Rudow, die ebenso im Hauptberuf bei der Berliner Feuerwehr sind.

Es ist René Schmücker wichtig zu betonen, dass die Kameraden der FF bei den Einsätzen das gleiche Programm fahren wie die Berufsfeuerwehr: vom Selbstmörder unter der U-Bahn über die Bergung bei Verkehrsunfällen bis zum Großbrand. »Deshalb haben wir auch die identische Ausrüstung bei den Fahrzeugen oder der Schutzkleidung. Wohlhabende Kommunen stehen auch hier besser da: Dort gibt es oft die neuesten Autos sowie die modernste Sicherheits-technik vom Anzug bis zum Helm. Und ob wir Frei-willige im Einsatz sind oder die Berufsfeuerwehr, ist für den normalen Berliner oft nicht ersichtlich«, er-klärt Schmücker. Nur an den Nummern der Helme oder auf den Autos ist dies erkennbar: Eine 00 steht für die Berufsfeuerwehr; eine 10 oder 01 als Endzif-fern sind Erkennungszeichen für die FF.

Genauso wie bei der Berufsfeuerwehr bleiben auch bei den Freiwilligen die besonderen Einsätze in Erin-nerung. »Ich kann mich noch an einen Hotelbrand hier in Rudow erinnern«, erzählt Schmücker, »als die Decke einstürzte, hätte es mich und meinen Ka-meraden Olaf fast erwischt. Immer wenn wir uns heute treffen, denken wir daran, so ein Erlebnis schweißt natürlich ein Leben lang zusammen.«

Mittlerweile gibt es nicht nur bei der Berliner Be-rufsfeuerwehr, sondern auch bei den Freiwilligen die ersten Nachwuchssorgen. »Die Altersgrenze liegt bei sechzig Jahren, und wir merken bei den jungen Men-schen ein nachlassendes Interesse«, erzählt mir René. »Kürzlich musste sogar eine Wache der Frei-willigen in Köpenick geschlossen werden, weil es kei-nen Nachwuchs mehr gab.« Dabei versuchen die Feuerwehren, jenseits berühmt-berüchtigter Feuer-wehrfeste an die Kids heranzukommen. Schon mit acht Jahren kann man der Jugendfeuerwehr beitreten. Dort wird man bei kleinen Wettkämpfen oder im Zeltlager – beim Schlauchausrollen auf Zeit, dem Strahlrohrankuppeln und Löschen von kleinen Bränden – spielerisch an die Arbeit der Feuerwehr herangeführt und erhält so eine Grundausbildung. »Aber es ist schon ein zeitaufwendiges Hobby«, gibt René zu. Angenehm sei für ihn, dass bis heute viele Berufsgruppen, vom Klempner über Zimmermann, Schornsteinfeger bis hin zum Schlosser, bei den Freiwilligen mitmachen. »Es sind Leute, die wissen, was Sache ist, und im Einsatz kommen uns ihre Fähigkeiten regelmäßig zugute.« Ein großer Vorteil sei auch die Ortsgebundenheit und lokale Kenntnis. »Wir wohnen hier und kennen uns aus – die Freiwillige Feuerwehr ist gelebte Nachbarschaftshilfe«, bringt es René Schmücker auf den Punkt.

14. Notfallseelsorge: Berlins einziger Feuerwehrseelsorger ist evangelischer Pfarrer und Oberbrandmeister a. D.

Nach besonders schweren Einsätzen haben wir Feuerwehrleute die Möglichkeit, mit speziell ausgebildeten Notfallseelsorgern zu sprechen, zum Beispiel wenn Menschen ums Leben kamen. Notfallseelsorger sind entweder eigens dafür ausgebildete Feuerwehrleute oder externe Psychologen und Pastoren.

Zwar habe ich es auf unserer Wache nie erlebt, dass einer meiner Kollegen dieses Angebot nutzte. Doch die Gründe, warum kein Notfallseelsorger je bei uns auftauchte, sind vermutlich genauso unterschiedlich wie die Biographie und der Charakter jedes einzelnen Feuerwehrmannes. Außenstehende kreiden uns das schnell als falsch verstandene Männlichkeit an. Immer nach dem Motto: »Wir sind die Harten. Wir stecken das auch ohne Unterstützung weg!« Die Frage, wie man Unglücksfälle oder Selbsttötungen verarbeitet, bleibt für mich unbeantwortet.

Ich weiß, dass jeder meiner Kameraden da seine Mittel und Wege hat. Einige sprechen erst viel später darüber, manchmal erst nach Wochen, auf der Wache oder beim Bier in der Eckkneipe. Ich habe für mich persönlich kein Patentrezept entwickelt. Vielleicht ist dieses Buch, obwohl ich es so nicht geplant hatte, ein Weg, die teilweise verschütteten Eindrücke aus vielen Jahren Feuerwehrdienst aufzuarbeiten. Aber so richtige psychische Probleme wegen des Jobs hatte ich, ganz ehrlich, nie.

»Wo es um Tod und Sterben geht, werde ich gerufen.« Das ist wie ein Motto von Oberbrandmeister a. D. Jörg Kluge. Doch der 62-Jährige ist kein gewöhnlicher Exkollege. Jörg ist evangelischer Pfarrer und als Seelsorger für die Berliner Feuerwehr aktiv. Er hat sein Büro in der Spandauer Altstadt unweit der mächtigen gotischen Nikolaikirche aus dem 14. Jahrhundert, die zu den wenigen mittelalterlichen Gotteshäusern der Hauptstadt gehört. Kluge ist über die Leitstelle der Berliner Feuerwehr oder direkt per Handy zu erreichen. Er ist an das Alarmsystem angeschlossen, hat einen eigenen Dienstwagen und Sonderfahrtrechte, so wie andere hoheitliche Behörden. Jörg Kluge ist in Berlin der einzige Feuerwehrseelsorger. Diese Aufgabe liegt zwar bei der evangelischen Kirche, sie versteht sich aber als überkonfessionell und religionsunabhängig. »Bei Angehörigen von Opfern arbeiten alle Konfessionen zusammen, von den Protestanten über die Katholiken, die Juden bis zu den Muslimen«, sagt Pfarrer Jörg Kluge, der Tag und Nacht für die, die ihn brauchen, ansprechbar ist.

»Es ist noch nicht lange her, da wurde eine erst 19-jährige Kameradin der Freiwilligen Feuerwehr erhängt auf der Wache vorgefunden. Da wurde ich gerufen, um den Angehörigen, aber ebenso den erschütterten Kameraden beizustehen.« Sein Beistand war auch bei jenem Brand eines Jeansladens gefragt, als der A-Trupp bereits erfolgreich den Brand gelöscht hatte. Die Feuerwehrleute dachten, alles wäre erledigt. Doch dann stellte sich heraus, dass die Kinder noch fehlten. Die Eltern hatten sich wegen fehlender Deutschkenntnisse vorher nicht verständlich machen können. Erneut rannten die Männer in den Laden und fanden die Kleinen, die reanimiert werden konnten – doch wer selbst Kinder hat, weiß um den Schreck, den die Feuerwehrmänner danach verarbeiten mussten.

Als ein Feuerwehrmann zwischen Buckow und Lichtenrade bei einer Motorradfahrt tödlich verunglückte, klingelte das Notfallhandy von Jörg Kluge ebenso wie beim Absturz eines Hubschraubers der Bundespolizei. Letzteres geschah bei einer Übung 2013 auf dem Maifeld nahe dem Olympiastadion. Es herrschte dichter Nebel, und es schneite. Bei der Katastrophe gab es Verletzte und einen Toten.

Pfarrer Jörg Kluge sind die Sorgen und Nöte der Kameraden sehr vertraut. »Feuerwehrleute müssen nicht immer die harten Kerle sein, für die sie sich selbst oft halten. Sie sind Menschen wie alle anderen, die Leid, Trauer und Schmerz zu verarbeiten haben und lernen müssen, mit persönlichen Niederlagen umzugehen.« Die Feuerwehrseelsorge wurde in den neunziger Jahren in Zusammenarbeit mit dem damaligen Landesbranddirektor ins Leben gerufen. Schlimm sei es immer, wenn ein Einsatz nicht wie geplant endet, es Misserfolge bei der Rettung gibt, ein Kollege schwer verletzt wird oder beim Einsatz gar verstirbt, resümiert Jörg Kluge. Dort wo Menschen arbeiten, passieren Fehler. Alles abzusichern sei unmöglich, so dass menschliches Versagen nicht ausbleibt. »Entscheidend ist am Ende, wie man damit umgeht. Besser: mit sich umgeht«, betont er. »Wer hier nicht aktiv wird, ist gefährdet und kann psychisch krank werden.«

Denn viele Kollegen erhoffen sich Kompensation durch die Wirkung von Alkohol oder Tabletten. »Oft endet das im Missbrauch. Wer diese Warnsignale nicht wahrnimmt, benötigt Hilfe«, erklärt Jörg Kluge. Zwischen 10 und 20 Prozent der Feuerwehrleute nutzen das Gesprächsangebot. Sie sprechen mit Kollegen vom »Einsatz-Nachsorge-Team« (ENT) oder dem Feuerwehrseelsorger. »Feuerwehrleute arbeiten an der ›Front‹, sie erleben Tod und Sterben. Davon muss man nicht krank werden, aber man muss lernen, damit umzugehen«, bilanziert Pfarrer Kluge und ergänzt: »Wir müssen akzeptieren: Das Leben ist begrenzt. Auch Feuerwehrleute dürfen weinen.« Bei der psychosozialen Unterstützung und in der Einsatznachsorge arbeitet Jörg Kluge mit der sogenannten Mitchell-Methode aus den USA, dem »Critical Incident Stress Management« (CISM), die sich unter Fachleuten bewährt hat.

Um das Leben und die Arbeit der Feuerwehrmänner besser zu verstehen, trat Jörg Kluge vor Jahren selbst der Freiwilligen Feuerwehr in Marienfelde bei. Neben dem Pfarrersberuf absolvierte er eine vierwöchige Ausbildung, die er mit einer Prüfung abschloss. »Retten – Bergen – Löschen« ist das heute noch gültige Motto. Sein Schwager war bereits bei der FF, und aus dem dörflichen Kontext kannte er die direkten Unterstützungsangebote, wenn es mal Probleme gab. Aber in den Städten fehlten die Angebote für die Opfer- und Angehörigenbetreuung ebenso wie für die Einsatzkräfte selbst. Durch seinen direkten Kontakt zur Feuerwehr und bei ihren Einsätzen merkte er auch: »Es wird viel zu wenig gelobt. Welcher Zugführer sagt schon ›heute habt ihr richtig gut gearbeitet‹?«

Das kann ich aus eigener Erfahrung bestätigen, denn fast nie kommt von den Menschen, denen wir das Leben gerettet haben, etwas zurück. Ich habe es in fünfzehn Jahren nur einmal erlebt. Ein Bauarbeiter, der verschüttet wurde, eingeklemmt war, und den wir unter großen Mühen und am Ende schwer verletzt retten konnten, besuchte uns nach Monaten auf der Wache und dankte uns für die Rettung seines Lebens.

Viele Feuerwehrmänner verdrängen ihre Erlebnisse und bauen einen Schutzmantel um sich auf. »Warum sind viele Feuerwehrleute übertrieben lustig?«, fragt Kluge, »Oder warum legt man so viel Wert auf gutes Essen auf den Wachen? Weil der schwere Job Gegengewicht und Kompensation nötig macht. Für mich ist derjenige ein guter Feuerwehrmann, der auch für sich gut sorgt.«

Dass Sachwerte bei einem Brand vernichtet werden, ist normal. Aber persönliche Erinnerungen, unwiederbringliche Fotos, CDs – das verkraften viele schon weniger. Für uns Feuerwehrleute ist das Alltag. Auch der Tod gehört dazu. Der Super-GAU tritt für viele Feuerwehrmänner aber erst dann ein, wenn ein Kollege zu Tode kommt, wie es in den neunziger Jahren passierte, bei dem schon erwähnten Flashover im Neuköllner Bordell, oder als von einem Dach ein Behälter herabfiel, der einen jungen Feuerwehrmann regelrecht erschlug. »Feuerwehr und Tod sind wie Feuer und Wasser – das passt nicht zusammen«, hebt der protestantische Seelsorger hervor. »Dennoch musste ich schon mehrfach Todesnachrichten den

Kollegen, Ehefrauen, Kindern oder Eltern überbringen«, sagt er mit bedrückter Stimme. Auch führte er für Verstorbene die Beisetzungen durch. Er war als Pfarrer dabei, als Kameraden den blumengeschmückten Sarg, auf dem der Feuerwehrhelm lag, über den Friedhof zum Grab trugen. »Ich bin aber nicht nur der Todesengel«, stellt Kluge klar. Immer mal wieder kämen Kollegen und bäten ihn um seinen Segen bei einer Trauung oder Kindstaufe.

Die Notfallseelsorge und Krisenintervention, die unter dem Slogan »Erste Hilfe für die Seele« läuft, versteht sich als paralleles Angebot zum ENT, dem »Einsatz-Nachsorge-Team«, das direkt aus geschulten Feuerwehrkollegen besteht. Pfarrer Jörg Kluge lobt das ENT-Selbsthilfesystem, weil es eine Chance bietet, Probleme, die im Dienst auftreten, unter Kollegen zu besprechen. »Es ist gut, dass es zwei Systeme gibt.« Er weiß, dass er als Pfarrer noch ganz andere Möglichkeiten hat, wenn zum Beispiel ein Fall vor Gericht geht und er sein Zeugnisverweigerungsrecht nutzen kann. Doch mehr als diese juristische Komponente ist sein Wirken als Mann der Kirche und des Glaubens gefragt: für die Berufs-, aber auch für die Freiwillige Feuerwehr in Berlin.

Einige waren anfangs skeptisch, als er auf den Wachen auftauchte. »Will der uns jetzt bekehren?«, fragte einmal ein junger Brandmeister. Ein Zugführer verstieg sich sogar zu der Meinung: »Wollen Sie jetzt meinen Leuten etwas Psychisches einreden, so dass ich am Ende dienstunfähige Feuerwehrmänner habe?« – »Doch genau das Gegenteil ist der Fall«, sagt Kluge resolut. Er wolle mit seinen Gesprächsangeboten Entlastung schaffen, quasi als Sicherheitsventil wirken. Andere waren weniger kritisch und somit neugierig auf das, was Pfarrer Kluge vermittelte. »Der weiß, wovon er redet«, war ein derbes, aber gutgemeintes Lob. Mittlerweile hat er fast alle Berliner Feuerwehrwachen besucht. Dabei sagte ihm auch ein Oberbrandmeister, dass er mit seinen Angeboten eigentlich 25 Jahre zu spät komme. Er kannte aus eigener Erfahrung schlaflose Nächte oder die Flashbacks, die nach einigen schweren Einsätzen immer wiederkamen. »Die Feuerwehrseelsorge hätten wir viel früher benötigt«, sagte er zu Kluge. »Besser spät als nie, denn Einsatznachsorge war schon immer die beste Vorsorge«, entgegnete er ihm daraufhin.

Mittlerweile ist Jörg Kluge fester Bestandteil der Ausbildung auf der Feuerwehrschule in Schulzendorf. In den Rettungsassistentenlehrgängen spricht er regelmäßig zu den angehenden Feuerwehrmännern über Ethik, Tod und Sterben sowie den psychischen Selbstschutz.

Einmal im Jahr, am sogenannten Ewigkeitssonntag im November, gedenken die Berliner Feuerwehrmänner am Feuerwehrehrenmal gegenüber dem Feuerwehrbrunnen auf dem Mariannenplatz in Kreuzberg ihrer verletzten oder (im Ruhestand) verstorbenen Kollegen und Kameraden. Dabei werden auch Lebensläufe von verstorbenen Feuerwehrleuten verlesen, von jenen, »die in Stiefeln bei Einsätzen verstarben« oder auch von denen, die ein natürlicher Tod ereilte. In der nahen St.-Thomas-Kirche gibt es anschließend eine Andacht mit Pfarrer Jörg Kluge. »Es sind offene Angebote, die auch zu meinen Aufgaben gehören«, sagt Feuerwehrseelsorger und Pfarrer Jörg Kluge beim Abschied.

15. Vom Oberfeuerwehrmann zum Oberbrand-
meister: Feuerwehr-Hierarchie und Technik

Gelegentlich werden wir nach unseren Dienstgraden
gefragt, die sich ja nicht mit denen beim Militär vergleichen lassen. Im mittleren feuerwehrtechnischen
Dienst wurde ich als Oberfeuerwehrmann eingestellt,
was sich in einem roten Streifen auf den Epauletten
meiner Uniform zeigte. Die nächste Stufe war der
Brandmeister, mit zwei roten Streifen. Dazu beför-
derte man uns noch zum Ende unserer Ausbildung,
was auf den Wachen von einigen Älteren nicht gern
gesehen wurde, weil sie bis dahin einen zeitlich viel
längeren Weg zurücklegen mussten. Als ich nach
fünfzehn Jahren aus dem Dienst ausscheiden musste,
war ich Oberbrandmeister, hatte also eine gewisse
Weisungsberechtigung nach unten, aber noch nicht
die ganz große Verantwortung. Die Hauptbrandmeister kommen nach den Oberbrandmeistern. Zum
Hauptbrandmeister sind mittlerweile viele meiner
Exkollegen befördert worden, die mit mir auf der Feuerwehrschule die Schulbank drückten, sie haben oft
ihren eigenen Verantwortungsbereich, zum Beispiel
für die Technik, Fahrzeuge oder Haus und Hof. Zu

guter Letzt sei auch noch der Hauptbrandmeister-Z, genannt Z-Meister, erwähnt, den es pro Tour nur einmal gab. Er vertrat den Zugführer, wenn dieser verhindert war. Außerdem gab es einen Truppführer, der ein Hauptbrandmeister war. Konnte dieser nicht, sprang ein erfahrener Ober- oder Brandmeister ein. Es gibt bei uns Feuerwehrleuten auch keine Regelbeförderung nach entsprechenden Dienstjahren.

An den Dienstrang war natürlich das Gehalt gekoppelt. Die allermeisten meiner Kollegen waren der Meinung, dass wir alle gut bezahlt werden. Mir wurden zum Schluss mit Zuschlägen für Nachtdienste, Sonntagsarbeit sowie Verheiratetenzuschlag plus Kindergeld circa 3000 Euro monatlich überwiesen. Damit kam ich in der Regel gut über die Runden.

Unsere Wache hatte fünf Fahrzeuge im Einsatz: Ein Löschhilfeleistungsfahrzeug war besetzt mit einem Fahrer und dem Maschinisten. Letzterer bediente das Herzstück, die Feuerlöschpumpe, und hatte die Verantwortung für sämtliche Werkzeuge und Gerätschaften in dem Auto. Auf dem Löschfahrzeug gab es dann den A-Trupp. Diesen Angriffstrupp mit zwei Männern bildeten die Kollegen, die als erste mit dem Strahlrohr ins Feuer gingen – übrigens mein Lieblingsposten.

Ein Kollege war immer für den Schlauchtrupp auf dem LHF eingeteilt. Außerdem gab es damals noch einen Melder auf dem Auto, der kümmerte sich um den gesamten Funkverkehr und musste dies dokumentieren. Ganz ehrlich: Mit dieser Aufgabe konnte man mich jagen. Und natürlich saß der Zugführer im ersten LHF auf dem Beifahrersitz und übernahm das Kommando über den Löschzug. Er hatte die volle Verantwortung.

Ein weiteres Fahrzeug war die große Drehleiter (DLK) – sicher das bekannteste Feuerwehrautomobil, besetzt mit zwei Leuten vom Wassertrupp.

Der Wassertrupp ist beim Einsatz für die Wasserversorgung zuständig, und zwar vom Hydranten bis zur Pumpe im Auto und vom Auto zu einem Verteiler. Die 1600 Liter Wasser im LHF reichen unter normalen Bedingungen gerade zehn Minuten. Also ist ein externer Wasseranschluss notwendig. Am Verteiler stehen zwei Kollegen des Schlauchtrupps und sorgen dafür, dass der Angriffstrupp immer genug Schlauch hat. Wer nun wissen möchte, warum wir auf dem Auto überhaupt eine Pumpe brauchen, dem sei erklärt, dass beim Löschen über die Hydranten in der Regel das Trinkwassernetz angezapft wird. Dort herrscht ein Wasserdruck von etwa 4 bar. Um aber am Brandherd das Strahlrohr optimal nutzen zu können, wird ein Druck von mindestens 5 bar benötigt. Wenn wir in Häuser mit mehreren Etagen müssen, gibt es alle zehn Höhenmeter einen Druckverlust von 1 bar. Diesen Ausgleich schafft die Feuerlöschpumpe.

Ein weiteres Fahrzeug war das LHF-Tr – im Prinzip baugleich mit dem LHF, allerdings nur mit drei Mann besetzt: dem Maschinisten und einem weiteren Angriffstrupp.

Auf der Fahrt zum Feuer machen sich beide A-Trupps schon für den Einsatz bereit. Sie legen die Atemluftflaschen und die Masken an, um sofort beim Eintreffen ins Feuer zu gehen. War der Wassertrupp mit seiner Arbeit fertig und hatte die Schläuche vom Hydranten zum Auto und vom Auto zum Verteiler verlegt, dann rüsteten auch diese Männer sich aus und stellten den dritten A-Trupp. Was ebenso für den Schlauchtrupp zutraf, der bei Bedarf den vierten A-Trupp stellte.

Zum vollständigen Verband gehörte auch der Rettungswagen, ebenfalls mit drei Mann besetzt. Dieser Rettungstrupp kümmerte sich in erster Linie um Verletzte beim Einsatz. Auf unserer Wache gab es noch einen zweiten Rettungswagen, den RTW 2. Dieser wurde von der Besatzung des LHF-Tr besetzt. Damals konnte es passieren, dass man gerade vom Löschen einer großen, stinkenden Mülltonne zur Wache zurückkam und umgehend aufgefordert wurde, auf den RTW 2 zu springen, um zu einer Entbindung zu fahren. »Also, das riecht aber hier bei ihnen im Auto verbrannt«, bekamen wir schon mal zu hören. Heute gibt es das nicht mehr. Die Arbeit auf dem Rettungswagen und dem Löschfahrzeug ist mittlerweile getrennt. In Berlin sind 80 Prozent der Einsätze Rettungsdiensteinsätze.

In den letzten Jahren wird immer häufiger der Notarzt der Feuerwehr auch in normale Arztpraxen oder zu Zahnärzten gerufen. Es gibt mittlerweile Allgemeinärzte, die bei einem Notfall ziemlich hilflos reagieren. Selbst wenn die notwendigen Gerätschaften, wie zum Beispiel ein Sauerstoffgerät oder ein Defibrillator, vorhanden sind, ist das keine Garantie für die schnelle und fachgerechte Hilfe. Wann haben Hausärzte heute noch mit Reanimation zu tun? Kaum noch. Unsicherheit und Angst zu versagen, gepaart mit Unwissen, führt zu Hilflosigkeit, die im Extremfall Leben kosten kann.

16. Katzen, Kampfhunde, Schwäne, Kois und ein Wachfuchs: Die Feuerwehr ist Lebensretter für alle Kreaturen

Wir Feuerwehrleute werden gerufen, wenn Menschen in Not sind oder einfach nicht mehr weiterwissen. Doch auch wenn mal eine tierische Kreatur nicht weiterweiß, wendet man sich gern an uns. Das lernen die Kleinen schon aus den Kinderbüchern. Kommt die Katze »Miezi« nicht mehr vom Baum oder vom Dach: dann rückt die Feuerwehr aus. Diese Bilder bleiben offenbar in den Köpfen der Menschen, sonst würden sie uns nicht so oft anrufen, wenn ein »Tier in Notlage« ist, wie bei uns der Einsatzbefehl heißt. Ich habe die Katze-auf-dem-Dach-Einsätze nicht gezählt. Bei jährlich über 1000 Einsätzen kann man die eine oder andere Mieze schon mal vergessen.

Anders war es mit einem Hund, einem American Staffordshire, Sinnbild eines Kampfhundes mit gefletschten Zähnen. Aber nicht »Tier in Notlage«, sondern »Verletzte Person« war die Meldung aus der Leitzentrale. Als wir in dem Plattenbau aus DDR-Zeiten ankamen und klingelten, hörten wir schon vor der Wohnungstür das laute Kläffen. Uns öffnete ein

Mann mit strähnigen, halblangen Haaren, nach hinten gedrehtem Basecap, in armeegrünen Jogginghosen und Muskelshirt, das an der linken Seite zerfetzt war. Seine blutende Wunde war sofort sichtbar. »Kommse ruhig rin, der Hund tut nischt«, berlinerte er. Doch ehe wir überhaupt einen Schritt in seine Wohnung machen konnten, wollte der Terrier schon an meinem Kollegen Uwe hochspringen. »Bitte sperren Sie erst einmal den Hund weg«, forderte er den Mann auf. »Der ist doch lieb«, wollte er noch entgegnen, da zogen wir die Tür von außen wieder zu. »Wir helfen ihnen erst, wenn der Hund nicht mehr frei rumläuft«, gaben wir ihm unmissverständlich durch die geschlossene Wohnungstür zu verstehen. Dann warteten wir, bis der Hund von seinem Herrchen in ein angrenzendes Zimmer gesperrt wurde.

Das Sprichwort »Hunde, die bellen, beißen nicht« können wir aus unserer Erfahrung nicht bestätigen. Ich habe eine Reihe von Kollegen gesehen, die bei Einsätzen von Pinschern, Dackeln oder Pudeln in die Hand oder Wade gebissen wurden. Das waren oft keine großen Verletzungen, aber ärgerlich war es jedes Mal. Nicht nur, weil damit in der Regel ein Arztbesuch und ein bürokratischer Akt mit dem Ausfüllen einiger Formulare verbunden waren. Eine derartige Erfahrung mit einem American Staffordshire wollten wir erst gar nicht machen.

Als der Mann uns wieder öffnete und wir ihn fragten, was genau passiert sei und wo seine offene Wunde an der linken Seite herkommt, sagte er, ohne zu
zögern: »Rambo war's. Rambo hat mich gebissen.«

»Wie jetzt?«, fragte ich nach, »Ihr bellender Rambo da hinter der Zimmertür?« – »Ja, det war mein
Hund – ick weß ooch nich, wie det passiern konnte,
det macht Rambo sonst nie«, sagte unser Patient nun
schon etwas unsicherer. Da platzte es aus mir heraus:
»Sag mal, Alter, hast du 'ne Macke? Wir sollen ruhig
reinkommen, weil der Hund ja nix tut, und dann so
etwas? Der wollte wohl nur mit dir schmusen? Und
sicher mit uns gleich auch noch?« Es war schon er-
staunlich, dieser Realitätsverlust gepaart mit offensichtlich dummer Frechheit. In diesem Fall konnte
ich das oft geforderte Kampfhundeverbot verstehen.
Den Gedanken, ich gehe mit meiner kleinen Tochter
auf einen Spielplatz und treffe dort auf diese Art von
Hundebesitzern, mochte ich nicht zu Ende denken.
Wahrscheinlich sind Hundeführerscheine doch eine
gute Idee. Rambo-Herrchen wurde notversorgt, und
wir zogen grußlos von dannen …

Im Winter mussten wir mehr als einmal ausrücken, weil es immer wieder tierliebe, besorgte Bürger
gibt, die Angst um das liebe Federvieh haben. Der
Klassiker war: »Auf dem See ist ein Schwan festge-
froren, der bewegt sich seit Stunden schon nicht

mehr vom Fleck, das Tier braucht dringend Hilfe.«
»Tier in Not« also und raus bei minus fünf Grad zum
Weißen See. Dort saß dann tatsächlich etwa zwölf
Meter vom Ufer der Schwan. Das Eis wollten wir
noch nicht betreten, dazu schien es uns noch zu
dünn. Ich hob einen Stein vom Gehweg auf, warf ihn
in Richtung Schwan und … der Schwan flog davon!
Wieder einen Einsatz erfolgreich beendet, spotteten
wir auf der Rücktour. Weniger leicht ist es hingegen,
einen Schwan zu fangen, der sich vielleicht verletzt
hat oder auf einem Kinderspielplatz herumirrt und
zischend nach den Kleinen schnappt, die ihre Kekse
nicht mit ihm teilen wollen. Aber irgendwie haben
wir auch das mit einer Decke immer geschafft. Man
glaubt gar nicht, was so ein Schwan für Kraft im Hals
hat und wie er sich wenden und winden kann, wenn
man sich seiner annimmt …

Als sich im Jahr 1999 die Nachrichten über die Vo-
gelgrippe H5N1 auch in Deutschland verbreiteten,
riefen viele Menschen bei der Feuerwehr an, wenn
sie tote Tauben oder Spatzen auf den Straßen fanden.
Dann fuhren wir mit einem Bulli die gemeldeten
Straßen ab und sammelten die Vogelkadaver ein. Ob
es wirklich mehr waren als sonst üblich – ich bin mir
da nicht sicher …

Auch Insekten können die Feuerwehr beschäftigen,
etwa wenn Wespennester oder Hornissen in Kinder-

gärten oder Schulen entdeckt werden. Auch im Fall eines entflohenen Bienenvolkes werden wir gerufen. Für mich waren solche Einsätze nichts. Vor Feuer hatte ich keine Angst, aber vor einem Bienenstich schon. Zu diesen Einsätzen beorderte man meist die sogenannten »Fußkranken«, also Kollegen, die gerade nicht 100-prozentig einsatzfähig, aber nicht dienstuntauglich waren. Sie rückten dann mit einem Kleinlöschfahrzeug – kurz KLEF genannt – aus. Zum Einsatz kamen dann spezielle Spritzpumpen, die per Hand bedient wurden, oder der CO_2-Löscher. Manches Mal hatten wir auch einen Hobby-Imker auf dem KLEF. Dann konnte der Einsatz »Biene in Not« fachmännischer gelöst werden.

Ungewöhnlich war ein Einsatz in einem Villenbezirk im reichen Grunewald. Die Pumpe eines Goldfischteiches war defekt, und die Fische, darunter einige Kois – sehr teure japanische Karpfen –, drohten einzugehen. Wir sollten Sauerstoff in den privaten Teich pumpen, was als Überbrückung den Tieren wohl auch das Leben rettete. So lernte ich: Auch ein Fisch ist ein Tier in Not. Auf der Rückfahrt zur Wache fragte mich mein Kollege Steffen, ob ich glaubte, dass »diese Art von lebensrettendem Einsatz auch in einer Gartenanlage in Treptow, wo es nur normale Goldfische gibt, denkbar gewesen wäre?« – »Keine Ahnung«, sagte ich, »das waren meine ersten Fische in Not. Aber die Feuerwehr ist halt für alle da, für arme Menschen mit Kampfhund in der Platte und die reichen Millionäre im Grunewald, deren Fische etwas frische Luft brauchen.«

Manchmal müssen wir gar nicht zu den Tieren fahren, weil sie zu uns kommen. So hatte die Wache in Berlin-Mitte jahrelang einen Fuchs auf ihrem Gelände. »Anfangs war es ein dürrer, schmaler Rotschwanz«, erzählte mir ein Kollege. Dann wurde er immer mit den Essensresten gefüttert, denn da fällt so einiges bei der Feuerwehr an, wenn man nur daran denkt, dass fast immer, wenn das warme Essen auf dem Tisch steht, der Alarm zum Einsatz ruft. »Mittlerweile ist es ein wohlgenährter Kollege«, so der Feuerwehrmann aus Mitte, und er ergänzt stolz, »das ist unser zahmer Wachfuchs – der gehört schon zum Inventar.«

17. Orden vom Deichgrafen –
Das Oderhochwasser

Der Dienst begann in dieser Woche normal, als uns die Nachricht erreichte, dass von jeder Wache der Berufsfeuerwehr zwei Mann nach Brieskow-Finkenheerd müssen. Dort war ein Damm gebrochen. Wir schreiben das Jahr 1997. Es war Sommer und die Zeit des großen Oderhochwassers. Eine Naturkatastrophe, die es in dieser Dimension in Brandenburg so noch nicht gegeben hatte.

Ich meldete mich mit meinem Freund und Kollegen Steffen freiwillig. Um 18 Uhr desselben Tages sollten wir uns auf der Feuerwache in Berlin-Marzahn an einem Sammelpunkt treffen. Die Dauer unseres Einsatzes war unbekannt. Es hieß, ein oder zwei Tage, eventuell sogar eine Woche. Niemand hatte genauere Informationen für uns. In Marzahn wurde uns ein LKW voll leerer Benzinkanister übergeben. Andere Kollegen besetzten den Rettungswagen oder einen Lastkraftwagen, der mit tragbaren Pumpen beladen war. Freiwillige Feuerwehrleute kamen mit ihren Fahrzeugen samt Anhänger, auf denen sich große graue Schlauchboote befanden. Als das Sonderkommando komplett war, fuhren die gut dreißig Autos mit Blaulicht in einer langen Karawane Richtung Osten zur Oder. An der Bundesstraße 1 gibt es mehrere Blitzer, um die Geschwindigkeit zu kontrollieren, oder hinter Ampeln, um die Rotphasenfahrer festzustellen. Immer wenn wir diese Blitzer passierten, wurde von jedem Fahrzeug noch ein schönes Foto gemacht. Unser Fahrzeug fuhr im letzten Drittel der Kolonne, und wir sahen dieses imposante Blitzlichtgewitter. Ich sagte zu Steffen damals: »Hey, ich glaube, die ganzen Geräte haben wir jetzt leer geblitzt.«

In einem kleinen Dorf im Oderbruch machte die gesamte Fahrzeugkolonne eine kurze Pause. Das sah schon beeindruckend aus: dreißig rote LKWs hintereinander. Die Türen flogen auf. Über hundert Feuerwehrleute kamen aus den Fahrzeugen und pinkelten zur selben Zeit an die Gartenzäune. »Hier wächst so schnell nichts mehr«, bemerkte Steffen augenzwinkernd. Recht spät, gegen 23 Uhr, kamen wir in Brieskow-Finkenheerd an. Die Kollegen von der Freiwilligen Feuerwehr hoben ihre Boote vom Anhänger und warfen zum Test die Bootsmotore an, was natürlich für einen entsprechenden Geräuschpegel sorgte. Mittlerweile war es nach Mitternacht. Unsere Anwesenheit blieb den Anwohnern einer Reihenhaussiedlung nicht verborgen. Sie kamen vor die Türen oder schauten aus ihren Fenstern auf unser mitternächtliches Tun. Natürlich gab es von einigen Bewohnern lautstarke Proteste: »Was soll das hier?«, fragten sie, und andere behaupteten: »Ihr macht aus der Katastrophe erst eine Katastrophe.«

Um diesen Eindruck nicht zu untermauern, schickte man die Kollegen von der Freiwilligen Feuerwehr runter zum Deich, wo es eine Füllstation für Sandsäcke gab, die Tag und Nacht zum Abdichten der Deiche in Betrieb war.

Der Rettungswagen der Berufsfeuerwehr nahm unterdessen eine hochschwangere Frau aus der Siedlung auf. Sie hatte bereits regelmäßige Wehen. Die Kollegen versuchten, mit ihr in das nächstgelegene Krankenhaus zu kommen. Das war gar nicht so einfach, weil viele Straßen mittlerweile unpassierbar waren.

Während andere die ganze Nacht schwitzten und arbeiteten, machten Steffen und ich es uns auf der Ladefläche des LKW gemütlich. Die massive Präsenz der Feuerwehr weckte das Interesse der jungen Mädchen des Ortes. Sie kamen mit einigen geschmierten Broten und einer Flasche Sekt vorbei, die gleich entkorkt wurde. Doch ehe wir in Feierlaune gerieten, erhielten wir kurz nach ein Uhr nachts die Aufforderung, für die Generatoren an den Sandfüllstationen dringend benötigtes Benzin zu besorgen. Also ließen wir schweren Herzens die Mädchen mit ihrer halb-vollen Sektflasche zurück und fuhren die Gegend ab, auf der Suche nach einer geöffneten Tankstelle. Man muss erwähnen, dass es zu dieser Zeit weder Navigationsgeräte bei der Feuerwehr noch Smartphones gab, die bei der Orientierung helfen konnten. Als wir nach gut einer halben Stunde eine Tankstelle fanden, war nicht klar, ob unsere Tankkarten akzeptiert werden. Wir hätten unmöglich für über 100 Benzinkanister privat in Vorleistung gehen können. »Ihr habt wirklich nur diese Tankkarten?«, fragte der Kollege an der Zapfpistole. »Ja, in Berlin werden die fast überall akzeptiert«, sagte ich. »Okay«, sagte der Tankwart, »das bekomme ich irgendwie verrechnet.« Jetzt hätten wir ordentlich tanken können, nur hatte, wie wir erst jetzt feststellten, fast die Hälfte der uns übergebenen Kanister Löcher und war unbrauchbar. Als die benutzbaren Benzinkanister voll waren, fuhren wir zügig zur Sandfüllstation, um diese dort abzuladen. »Hier kommt euer Sprit, Kollegen«, sagte Steffen. »Wie kommt ihr darauf?«, sagte ein Kollege von der freiwilligen Ortswehr. »Wir brauchen hier gerade kein Benzin. Wenn, dann Diesel. Aber die Tanks der Generatoren sind noch gut gefüllt. Aber wenn ihr schon einmal hier seid, dann füllt doch bitte Sandsäcke mit auf. Wir brauchen hier jede Hand.« Nachdem wir bei Flutlicht zwei Stunden lang Säcke mit Sand aufgefüllt und schließlich den Eindruck hatten, nicht mehr gebraucht zu werden, fuhren wir mit den Benzinkanistern zurück auf unseren Bereitschaftsparkplatz. Leider waren die netten Mädchen aus dem Oderbruch mittlerweile nicht mehr da, so dass wir es uns im Führerhaus, so gut es ging, bequem machten und versuchten, für den Rest der Nacht zu schlafen. Am nächsten Vormittag gingen wir in das Verpflegungszelt, um uns zu stärken. Dann hieß es, auf weitere Anweisungen zu warten. Wir legten uns neben unseren LKW. Steffen schlief dabei ein. Als ein älteres Ehepaar vorbeilief und ihn so sah, sagte die Frau zu ihrem Mann: »Guck dir die armen Jungs an, Herbert, völlig fertig vom Einsatz.« An diesem Tag passierte für uns nichts mehr. Abends um 18 Uhr wurden wir von zwei Berliner Kollegen abgelöst und fuhren auf unsere Wache zurück. Ich kenne Kollegen, die tagelang bei den Deichen mithalfen, Sandsäcke füllten, Menschen evakuierten und halfen, deren Hab und Gut, wo nur irgend möglich, in Sicherheit zu bringen. Wir hingegen fuhren einige löchrige Benzinkanister durch das Katastrophengebiet, die am Ende gar nicht gebraucht wurden, füllten einige Dutzend Sandsäcke auf, tranken ein Glas Sekt und ruhten uns am Tag von den Strapazen der Nacht aus, bis wir abgelöst wurden. Einige Wochen später erhielten wir im Namen des damaligen brandenburgischen Innenministers, des »Deichgrafen« Matthias Platzeck, einen Orden »für unseren aufopferungsvollen Einsatz im Katastrophengebiet und bei der Bekämpfung des Oderhochwassers« ...

18. Auto waschen, Tischtennis, Kochen, Schlafen: Alltag auf der Wache

»Sobald das warme Mittagessen auf dem Tisch steht – geht der Alarm an«, sagte Uwe immer. Das war zwar nicht jeden Tag so, aber gefühlt fast jeden zweiten. Die Tatsache, dass jede Tätigkeit auf der Wache – ob nun Essen, Schlafen, Putzen, Lesen oder selbst der Gang zur Toilette – von jetzt auf gleich unterbrochen werden kann, erzeugt schon einen permanenten Druck. Es fehlte an Ruhe. Auch daran kann man sich gewöhnen, aber anfangs, als junger Feuerwehrmann, fiel mir das nicht leicht.

Wer seine Tiefschlafphasen kennt, weiß, wie orientierungslos man sein kann, wenn man plötzlich geweckt wird. Ich konnte in den ersten Monaten auf der Wache nur sehr schlecht schlafen, vor allem als ich zum Fahren des Löschfahrzeugs eingeteilt war. Man führte den Einsatzzug an, und alle Wagen, von der Drehleiter bis zum Rettungswagen, folgten einem blind durch die dunklen Straßen Berlins. Als gebürtiger Lichtenberger kannte ich in meinem Bezirk zwar jede Straße, aber nicht immer ihre Namen. Die Vorstellung, den Löschzug in der Nacht, wenn wir zu einem Brand fuhren, falsch zu führen, war eine echte Belastung. Vom Katasteramt hatten wir sehr genaue Karten vorliegen, auf denen auch jeder Hydrant eingezeichnet war. Aber es gab eben noch keine Navis oder Smartphones zur besseren Orientierung, so wie es heute üblich ist.

Der Tag begann mit einer offiziellen Dienstübergabe um 7.45 Uhr. Auf dem Flur standen dann 16 Feuerwehrleute in einer Reihe – ähnlich wie bei einem Appell –, und der Hauptbrandmeister teilte die Mannschaft für die kommenden 24 Stunden ein. Ganz selten waren wir überzählig. Dafür gab es eine sogenannte »Bonbonliste«. Wer ausreichend Bonbons gesammelt hatte, konnte bei einer Überzahl nach Hause gehen und hatte spontan einen freien Tag. Das kam vor, wenn jemand früher aus dem Urlaub kam oder eher wieder gesundgeschrieben worden war als gedacht. Im Tagesraum befand sich eine Tafel, an der sich jeder vorab orientieren konnte, wen er mit welcher Funktion ablöst. Im Anschluss folgte eine Übergabe an der Technik. Der Fahrer musste schauen, ob an der Spritze oder der Drehleiter alles funktionierte. Andere Kollegen prüften regelmäßig die Funktionstüchtigkeit der Kettensäge, des Trennschleifers oder anderer Werkzeuge und unterschrieben, dass alles vorhanden und in Ordnung ist. Die Drehleiter wurde getestet und die Stützen herausgefahren. Jeder, der für den Angriffstrupp eingeteilt war, musste schauen, ob seine Maske ohne Makel und ausreichend Druck in den Atemluftflaschen war. An bestimmten Tagen fand eine Wartung der Geräte statt, und die Autos wurden gewaschen. Das lief nach einem rotierenden Prinzip ab, so dass jeder einmal für die unterschiedlichsten Routinejobs drankam. Unsere Zugführer schauten, ob alles lief, und kontrollierten die Abläufe.

Die Kollegen, die die 24-Stunden-Schicht davor hatten, wurden um 6.30 Uhr geweckt und abgelöst. Dann ging's meist unter die Dusche und anschließend nach Hause.

Die neue Schicht übernahm die Fahrzeuge, und um 9 Uhr gab es für alle Frühstück. Der jüngste Kollege musste in der Regel den Kaffee kochen. Jeder zahlte dafür denselben Betrag in die Kaffeekasse ein. Für das Mittagessen gegen 12.30 Uhr in großer Runde hatten wir bestimmte Küchenkollegen. Das spielte sich so ein, weil einige halt besonders gut kochen konnten, andere weniger. Unsere Köche wurden im normalen Dienst vom Reinigen der Wache und von RTW-Einsätzen freigestellt, um sich um unser leibliches Wohl zu kümmern. Danach übernahmen sie ihre Posten wieder. Dafür hatten wir die Garantie, dass es schmeckt. Meine Kochversuche hatten hartes, zähes Fleisch oder angebrannten Reis zum Ergebnis, und es war recht schnell klar, dass auf meine Kochkünste kein weiterer Wert gelegt wurde. Einkaufen gingen wir zwei Mal die Woche, und die Zubereitung der Speisen erfolgte somit zum Selbstkostenpreis. Der Lohn unserer Köche war ihr Freiessen. Wer nun glaubt, dass es immer nur Nudeln mit Tomatensoße oder Fertiggerichte gab, dem sei ein Blick in die Speisekarte unserer Wache empfohlen: Drei Gänge, also Vorspeise, Hauptgericht und Nachtisch, gehörten in der Regel dazu. Es gab ordentliche Hausmannskost von Schnitzel oder Kotelett vom Fleischer mit Rotkohl und Petersilienkartoffeln, Eisbein mit Erbsenpüree und Sauerkraut bis zu Kohlroulade oder sogar Spanferkel. Manches Mal kredenzten unsere Feuerwehrköche uns auch deftige Linsen- oder Weiße-Bohnensuppen mit gedünstetem Speck oder Kassler, Hefeklöße mit Blaubeeren oder Kartoffelpuffer mit frischem Apfelmus. Im Sommer wurde auch häufig gegrillt, es gab Steak und Thüringer Rostbratwurst mit Pommes, Ketchup, Bautzener Senf oder Mayo. Abgenommen hat bei uns keiner – im Gegenteil. Nur dank der Einsätze hielten wir halbwegs unser Gewicht.

Ältere Kollegen konnten sich noch an die Zeit erinnern, als zum Essen auch frisch gezapftes Bier ausgeschenkt wurde. In Bayern soll es die Schankanlagen in den Wachen immer noch geben. Ob sie dort täglich in Gebrauch sind, entzieht sich meiner Kenntnis. Schultheiß war wohl die Stammbrauerei der Berliner Feuerwehr. Es gibt historische Fotos, auf denen der Bierkutscher mit seinen Holzfässern wöchentlich vor die Wachen fuhr und Bier auslieferte. Mittlerweile herrscht striktes Alkoholverbot auf den Wachen. Nicht überall soll man sich sklavisch daran halten, und es gab schon Feuerwehrleute, die sich am Griff der Axt festhielten, die sie vorher in einen Dachbalken schlugen, so wackelig waren sie auf den Beinen – nicht vor Erschöpfung, sondern von ein paar Gläsern zu viel. Ich muss aber rückblickend sagen, dass unsere Wache in dieser Hinsicht sauber war. Dafür leisteten wir uns einige andere Vergnügungen.

Dort, wo junge Männer, und zwar ausschließlich junge Männer, zusammen sind – beim Militär, auf hoher See oder im Knast –, ist das Thema Frauen omnipräsent und bekommt schnell eine besondere Note. Warum sollte es bei der Feuerwehr anders sein?

Als ich einmal Geburtstag hatte und auf der Wache Dienst angesetzt war – ich war gerade geschieden worden und wieder Junggeselle –, überraschten mich meine Kollegen mit einer ehemaligen Lehrerin, die gut gebaut war und einen frechen blonden Kurzhaarschnitt hatte. Uwe hatte sie in der B.Z. auf den Seiten mit den Kontaktanzeigen gefunden. Nennen wir sie Nina. Als ich mit Nina mitten in schönster Zweisamkeit auf meinem Zimmer war, ging der Alarm. Ausgerechnet jetzt: an meinem Geburtstag und bei diesem intensiven Besuch. Steffen pochte an meine Tür. »Asche, komm: Feueralarm!« – »Ja, ich komme gleich, bin gleich fertig …«, rief ich keuchend zurück. Noch mit nacktem Hintern rannte ich kurz darauf zu meiner Ausrüstung. Komplett angezogen habe ich mich später im Wagen. Die Kollegen hatten ihren Spaß dabei. Ich nur halb, denn als wir vom Einsatz zurückkehrten, war Nina natürlich nicht mehr da …

In meiner Junggesellenzeit hörten Kollegen des Öfteren das Klacken der Pfennigabsätze von Stöckelschuhen auf den Fußbodenfliesen meines Zimmers. Einmal legte ich auf der Fahrt zurück vom Einsatz auch einen Zwischenstopp vor einem Sexkino ein. Natürlich war ich während dieser Zeit immer einsatzbereit … Ob ich das heute noch machen würde – hmm –, ich bin ja auch älter und vernünftiger geworden …

Nach dem guten Essen machten wir zwischen 13.30 und 15 Uhr Mittagsschlaf. Dann herrschte auf der Wache absolute Ruhe, und Störungen waren – natürlich nur, wenn es keinen Alarm gab – unerwünscht.

Am Nachmittag wurden die Restarbeiten vom Vormittag erledigt, und wenn alles so weit in Ordnung war, spielten wir Tischtennis, Billard oder im Sommer Beachvolleyball. Auch gab es für die heißen Tage einen Pool, in dem man sich abkühlen konnte. Wer Lust hatte, ging ins Fitnessstudio, stemmte Gewichte, lief auf dem Laufbahn oder fuhr Rad.

Die Fitness war für jeden Feuerwehrmann sehr wichtig, denn alle zwei Jahre gab es die »Feuerwehrdiensttauglichkeitsuntersuchung« und jedes Jahr einen normalen Gesundheitscheck mit Seh- und Hörtest, eine Kreislauf- und Blutuntersuchung sowie einen Test auf der sogenannten Atemschutzstrecke. Wer Letzteres zum Beispiel nicht bestand, galt als »atemschutzuntauglich«. Das bedeutete Innendienst, Melder auf dem Löschfahrzeug oder Kielschwein auf der Galeere, also im Rettungswagen. Allesamt keine beliebten Jobs für wahre Feuerwehrleute. Wie schon erwähnt, machte der Job im Rettungswagen fast 80 Prozent aller Einsätze aus, deshalb wurde er Galeerenarbeit genannt, auch weil man sich dort den Hintern breit saß und nicht selten Stammkunden (siehe 10. Kapitel) besuchte. Auf dem Rettungswagen fuhr neben dem Fahrzeugführer ein Rettungsdienstverantwortlicher und zur Unterstützung ein dritter Mann mit, der aber auch die Sanitäterausbildung haben musste.

Auf meiner Feuerwache waren wir damals eine richtig gute Clique von etwa zehn Männern, die alle so Ende zwanzig, Anfang dreißig waren. Wir haben uns sehr gut verstanden, und ich hatte manchmal das Gefühl, als wäre das meine zweite Familie. »Es war wie im Ferienlager, nur dass wir dabei noch Geld verdienten«, sagt Uwe heute rückblickend. Jeder hatte auf der Wache sein festes Zimmer, wo er nachts schlief. Doch vor zwei, drei Uhr nachts waren wir jungen Feuerwehrmänner fast nie im Bett.

Um vor Schabernack und Kollegenspäßen gefeit zu sein, hatte ich immer einen Stock im Zimmer. Den klemmte ich unter die Türklinke. So konnte sich nachts niemand unbemerkt in mein Zimmer schleichen. Gründe dafür gab es ausreichend, war ich doch selbst bei einigen dieser üblen Streiche dabei, als wir zum Beispiel einem Kollegen Mehl ins Bett streuten, einem anderen die Matratze rausnahmen und dann das Spannbettlaken so präparierten, dass er fast durchfiel. Gemein war es sicher auch, dem gutmütigen Kurt, der einen sehr tiefen Schlaf hatte, Apfelsaft auf die Schlafanzughose zu kippen. Am Morgen musste er sich wegen der gelben Flecken auf dem weißen Laken und seiner Hose die Frage gefallen lassen, ob er noch ganz dicht sei … Kurt war nicht zum Lachen zumute. Uns übermütigen jungen Kollegen von der »Gummibärchenbande«, wie wir uns nannten, schon.

Ein anderer Kollege hatte die Angewohnheit, jeden Tag einen Fertigkuchen mit Schokoladenguss aus dem Discounter mitzubringen und seinen Kaffee mit Kaffeeweißer zu trinken. Den Kuchen schnitt er jeden Tag pedantisch in gleich große Scheiben. Drei gab's zum Frühstück, zwei nach dem Mittagessen, drei weitere Scheiben zum Kaffeetrinken und den Rest nach dem Abendbrot. Das provozierte unsere Kreativität. Wir behandelten den Kuchen mal mit Essig, ein anderes Mal machten wir ihn nackt – so dass die Schokolade verschwunden war. Einmal drückten wir Oliven mit Kern von unten rein, und den Kaffeeweißer tauschten wir mit Mehl aus. Über diesen Spaß lachten wir noch ein halbes Jahr später. Unser Kollege nicht. Aber er hielt an seiner Tradition – der Berliner sagt dazu treffender »Macke« – unbeirrt fest.

Gewarnt musste auch derjenige sein, der mit seinem Privatauto, bereits wohl gepackt für den Urlaub, auf den Hof der Wache fuhr. In einem unbeaufsichtigten Moment legten ihm einige Kollegen fünf schwere Säcke mit Ölbindemittel unter die Koffer. Das war die Rache für sein ständiges Meckern über unsere Streiche. Der Kollege bemerkte die Last erst beim Tanken, als er schon im Thüringer Wald war und sich wunderte, warum sein Auto so langsam anfuhr und so viel Sprit verbrauchte.

Rückblickend waren wir wie Kinder. Als Revanche für den Bettspaß wurde einem der Übeltäter, als er auf der Toilette saß, von unten eine brennende Zeitung durch die Tür geschoben: »Feueralarm, Feueralarm«. Noch bevor der Kollege reagieren konnte, bekam er von oben einen Eimer kalten Wassers über den Kopf gegossen. »Feuer erfolgreich gelöscht«, war die Antwort unter johlendem Gelächter der beteiligten Kollegen.

Apropos Wasser. Im Sommer gab es auch immer mal wieder berüchtigte Wasserschlachten auf unserer Wache, bei denen sogar die Spritze des Löschfahrzeugs – wir mussten ja von Zeit zu Zeit auch die Technik testen – zum Einsatz kam. Als ich gerade die Spritze mit kräftigem Druck auf eine Tür hielt, weil ich dort einen Kollegen erwartete, konnte der diese zunächst gar nicht öffnen, so stark war der Wasserstrahl. Doch hinter der Tür befand sich nicht mein Kollege, sondern der Zugführer. »Ihr spinnt wohl ein bisschen, Leute? Lass sofort den Quatsch sein, Asche, und mach hier Ordnung«, war seine unmissverständliche Anweisung. Tja, unverhofft kommt oft … Bei einer dieser Wasserschlachten kam Wasser in die Steckdosen, so dass die Wände Kriechstrom führten – das kribbelte ordentlich und hörte erst auf, als die Sicherungen rausflogen.

Weitere beliebte Späße waren Schuhcreme im

Helm oder unter der Türklinke. Ebenso wie das Verstecken im Schrank, wenn der Kollege müde in sein Zimmer schlich, wo ihn dann ein »Geist« ordentlich erschreckte und er natürlich wieder hellwach war. Um vor unliebsamen Überraschungsgästen seine Ruhe zu haben, spannte einer der Kollegen Seile durch seinen Schlafraum. Dumm war nur: Als es Alarm gab, dachte er nicht mehr an seine eigene Falle und fiel fürchterlich auf die Nase, als er über eines der Seile stolperte ... Der Quatsch auf der Wache gipfelte in einigen nicht ganz ungefährlichen Aktionen. Einmal warfen wir Sauerkrautkonserven in das Lagerfeuer auf unserem Grillplatz. Den Knall durch die Explosion kann sich jeder gut vorstellen, und das überall verteilte Sauerkraut brachte uns fast eine Verwarnung ein.

Als Uwe mal seine Freundin mit zur Wache brachte und wir gerade eine Nebelmaschine zu Übungszwecken auf dem Hof stehen hatten, wollten wir die beiden damit foppen. Voll ausgerüstet, mit Maske und Helm, warfen wir die Nebelmaschine in seinem Zimmer an. »Es brennt, es brennt«, rief Steffen. Ich zückte gerade die Kübelspritze, um ordentlich Wasser auf die Liebenden zu schütten, als nebenan die Tür aufging. Uwe grinste mich an: »Na, Asche, ich habe mir bei dir schon so etwas gedacht«, unser Spaß war ins Leere gegangen.

Um keine Missverständnisse aufkommen zu lassen, die Späße gehörten in unseren frühen Jahren einfach dazu. Gelitten hat unsere Arbeit auf der Wache dabei nicht, und zu Schaden kam auch keiner. Wenn es Alarm gab, waren wir alle innerhalb der Normzeit auf unserem Posten. Auch die Alten, so erzählten sie mir es schon beim Praktikum, hatten ihre wilden Zeiten, in denen nicht alles nach Vorschrift lief.

Als ich damals bei der Feuerwehr anfing, arbeitete fast jeder Kollege nebenbei. Nur durch diese Zweitjobs lernte ich ja auch Mosi kennen, weil er bei meinem Onkel in Schöneberg ordentlich mitpolsterte. Es ist auch noch nicht lange her, da gab es bei der Berliner Feuerwehr noch den Wachdienst im Theater. Die Jobs waren nicht gerade beliebt – es sei denn, wir wurden zum Friedrichstadtpalast abbestellt. Die Reihe der Mädels mit den langen Beinen, das war schon eine tolle Aussicht, wenn man in der ersten Reihe vom Dienstsitz oder hinter der Bühne die Vorstellungen beobachten konnte. Auch die Konzerte in der Eissporthalle waren eine prima Abwechslung, aber sechs Stunden »Faust« in der Volksbühne, da ging keiner von uns freiwillig hin. Die Theater- und Konzertjobs gibt es für die Berufsfeuerwehr nicht mehr, seit diese Aufgaben von privaten Dienstleistern übernommen wurden.

Silvester und Neujahr hingegen gab es oft mehr Freiwillige als notwendig, weil wir wussten, an diesen Tagen haben wir alle Hände voll zu tun. Mit der Drehleiter sind wir nach Mitternacht durch ganz Berlin gefahren: von Hellersdorf bis Marzahn, von Lichtenberg bis Lichtenrade. Wir waren am Brandenburger Tor ebenso wie am Kudamm.

Fast nie erlebte ich jemanden, der lustlos zur Arbeit kam. Man wusste, wenn es bei jemandem zu Hause Probleme gab. Und ich wusste immer, auf der Wache gibt's Kollegen, die Rat und Hilfe anbieten. Das Gefühl der Zusammengehörigkeit war groß. Nach den vielen Einsätzen kannten wir uns, wie es Steffen so passend auf den Punkt brachte, »in- und auswendig«. Wir waren eine verschworene Gemeinschaft. Man war der Erste, der erfuhr, ob bei einem gerade die Freundin durchgebrannt ist, die Oma im Sterben liegt oder das Konto leer war. Und es gab für jede noch so verfahrene Situation immer ehrliche und praktische Unterstützung. Deshalb fühlten sich viele Kollegen zeitweise auf der Wache heimischer als zu Hause. Dennoch sind die Belastungen durch den Schichtdienst nicht zu unterschätzen. Ob es daran lag, dass die eine oder andere Beziehung oder Ehe in diesen Jahren in die Brüche ging? Ich habe es selbst erlebt und weiß, wovon ich spreche. In meinem siebten Dienstjahr trennten sich meine Frau

und ich. Meinen Sohn Max sah ich nun noch weniger. Wenn ich ihn heute so erlebe, habe ich schon
den Eindruck, dass ich ihm während seiner Pubertät
fehlte. Wenn ich regelmäßig für ihn da gewesen
wäre, hätten sich vielleicht einige Dinge besser für
ihn entwickelt. Bei meiner heute elfjährigen Tochter
Mabel habe ich versucht, frühere Fehler zu vermei-
den.

19. Drei Prozent mögen uns nicht: Besetzte Häuser und Maikrawalle – Steine und Flaschen gegen die Feuerwehr

Nicht jeder mag uns. Auch wenn die Feuerwehr in der Beliebtheitsskala breiter Bevölkerungsschichten im Vergleich zu anderen Berufen seit Jahren bei über 97 Prozent steht – Politiker kommen zum Beispiel nur auf 10 Prozent, Ärzte immerhin auf 84, Lehrer auf über 60 Prozent –, gibt es jene drei Prozent, die uns nicht so recht leiden mögen. Das erlebten wir regelmäßig bei den Krawallen zum 1. Mai, wenn wir Barrikadenfeuer, brennende Autos oder Mülltonnen löschen wollten. Zum Dank dafür hagelte es Steine, volle oder leere Flaschen sowie Eier und Tomaten. Auch direkte Angriffe auf Feuerwehrmänner gab es bei diesen Straßenschlachten in Kreuzberg, Berlin-Mitte oder im Prenzlauer Berg. Um überhaupt seinem Auftrag nachgehen zu können, musste in jenen Tagen ein Feuerwehrmann von vier Polizisten beschützt werden.

Als einmal ein besetztes Haus in der Jessener Straße Feuer fing – vermutlich wurde es von den Besetzern selbst gelegt –, wurde unsere Hilfe nicht nur abgelehnt, sondern die Löscharbeiten durch Falltüren,

Nagelbretter oder mit Benzin gefüllte Weinballons erschwert. Die Ballons standen schon abwurfbereit auf dem Dach und konnten in letzter Minute von Spezialkräften der Polizei sichergestellt werden. Nicht auszudenken, was passiert wäre, wenn sie in dieser dichtbesiedelten Gegend im Friedrichshain mit vielen alten Häusern auf der Straße explodiert wären.

Lebensgefährlich war auch ein Einsatz eines Kollegen. Er war zu einer Frau gerufen worden, die wohl einen leichten Infarkt hatte. Während des Einsatzes benahm sich ihr Sohn sehr merkwürdig. Er wirkte gereizt und aggressiv. Stand er unter Drogen? Die Feuerwehrleute alarmierten sicherheitshalber die Polizei. Als der Mann das mitbekam, versuchte er, mit einem Auto zu fliehen. Ein Kollege verfolgte ihn. Er kam nur drei Häuserblocks weiter, als die Polizeistreife ihm schon mit Blaulicht entgegenkam. Er bremste seinen Wagen abrupt ab und rannte zu Fuß weiter. Unser Kollege war ihm auf den Fersen. Die Polizisten kannten sich in der Gegend gut aus, nahmen eine Abkürzung und kamen plötzlich von vorn auf ihn zu. Er wendete wieder. Lief im Kreis. Eine Polizistin bekam ihn zu fassen, und gemeinsam mit unserem Feuerwehrkollegen, der ihn von hinten umklammerte, erreichte sie, dass der Mann aufgeben musste. Doch bei dieser Rangelei gelang es ihm, an die Dienstwaffe der Polizistin zu kommen. Offensichtlich kannte er sich mit Waffen aus. Er drehte sich um und schoss ohne Vorwarnung dem Feuerwehrmann in die Schulter. Dieser brach zusammen. Da aber mittlerweile Verstärkung von der Polizei am Tatort eingetroffen war, hatte der Mann keine Chance. Die Polizisten schossen ihm gezielt in die Beine. Er ließ die Waffe fallen, ergab sich und wurde festgenommen. Was den Sohn der infarktversorgten Frau zu dieser irrationalen Reaktion bewogen hatte, erfuhren wir nie. Die Verletzungen des Kollegen waren zwar nicht lebensgefährlich. Dennoch kam er auf eine Intensivstation und musste notoperiert werden. Sein Einsatz war nicht unumstritten. Einerseits half er der Polizei, den Mann dingfest zu machen. Andererseits gehört es nicht zur Aufgabe der Feuerwehr, Flüchtige zu stellen. Das ist ganz klar die Arbeit der Polizei. Sein Fall wurde später gern als Beispiel für die Grenzen unserer Arbeit unter den Schülern auf der Feuerwehrschule bekannt gemacht. Und so – wie es dort ein Lehrer einmal ausdrückte – »wirkt diese Grenzüberschreitung bis heute im kollektiven Feuerwehrgedächtnis weiter«.

20. Flugzeugabsturz

Peter war mit seinem Wagen einer der ersten Feuer-wehrmänner vor Ort. »Flugzeugabsturz« lautete die Alarmmeldung, die im Fernmelderaum in der Wache in Köpenick einging.

Ich treffe meinen früheren Kollegen, der heute in der Verwaltung arbeitet. Peter erzählt mir von den dramatischen Stunden jenes 12. Dezember 1986, er war damals gerade dreißig Jahre alt. »So etwas hatte ich vorher noch nie gehabt«, sagt Peter. »Einen Flug-zeugabsturz – wer wird darauf schon in seiner Aus-bildung vorbereitet? Wir wussten im ersten Moment auch gar nicht – ist es eine Agrarmaschine, ein Segel-flugzeug, eine Transport- oder Passagiermaschine?«

Mit einem Vorausfahrzeug machte er sich als Ma-schinist und Fahrer eines kleinen Transporters der DDR-Marke »Barkas B 1000« zusammen mit sei-nem Zugführer sowie zwei Mann vom A-Trupp kurz nach 17 Uhr auf den Weg nach Bohnsdorf Richtung Waltersdorfer Chaussee. Es war dunkel und neblig. Als sie sich dem ungefähren Absturzort in einem Waldstück näherten, sahen sie bereits das Blaulicht von zwei Polizeifahrzeugen. Ein schmaler Waldweg führte zur Unglücksstelle, die nicht weit von der Autobahn entfernt war. Dann erkannten sie die teilweise noch brennende Maschine. Sie hatte eine breite Schneise in den Hochwald gebrannt. »Unser Oberlöschmeister gab die erste und einzige Lagemeldung an die Zentrale: ›Passagierflugzeug in voller Ausdehnung im Hochwald abgestürzt. Benötige jede Menge Einsatzkräfte, aber keine freiwilligen Feuerwehren. Ende.‹« Von der nahen Autobahn waren auch die ersten Helfer gekommen, private PKW-Fahrer, die zufällig nach Berlin unterwegs waren, und ein kleiner Trupp von Soldaten der NVA. »Einige Helfer wollten uns gleich zwei Verletzte bringen, weil sie dachten, unser Barkas sei ein Krankenwagen«, erzählt Peter. Doch was sich den Feuerwehrleuten an der Unglücksstelle bot, war ein Bild des Schreckens: überall tote Menschen mit aufgeplatzten Bäuchen, abgerissenen Armen und Beinen. »Es war grauenvoll«, schildert Peter seine Erlebnisse. Nur zehn der damals 82 Passagiere überlebten das Unglück, es war das zweitschwerste in der DDR. Unter den Toten waren auch zwanzig Schüler einer zehnten Klasse aus Schwerin mit ihrer Lehrerin. Nur sieben ihrer Klassenkameraden entkamen dem Tod schwer verletzt. Das Flugzeug war in Minsk gestartet und flog über Prag nach Berlin. Es war eine AEROFLOT-Maschine vom Typ Tupolew Tu-134. Der Grund für das tragische Unglück soll ein Pilotenfehler beim Landeanflug auf den Flughafen Berlin-Schönefeld gewesen sein, wie vier Monate später eine Regierungskommission in einem internen Dokument zu Protokoll gab. Angeblich haben einige Eltern der Schüler schon auf der Aussichtsterrasse auf dem Dach des Flughafengebäudes gestanden. Trotz des Nebels sahen sie in der Ferne die Scheinwerfer und Außenbordlichter der Tu-134, als diese plötzlich verschwanden.

»Als der Brand der explodierten Treibstofftanks gelöscht war, wollten wir gerade eine Pause machen. Da sagte unser Zugführer: »Schaut mal bitte nach oben.« Dabei zeigte er auf Menschen oder Körperteile, die in den Kronen der zersplitterten Kiefern hingen. »Mit Leitern holten wir die Leichen dort herunter – einige waren regelrecht von Ästen aufgespießt, darunter eine Stewardess, die wir fast gar nicht abbekamen«, berichtet Peter. Er vermutet, dass es überhaupt Überlebende gab, war dem Umstand zu verdanken, dass sich von der nahen Autobahn herbeigeeilte Helfer so schnell um die Verletzten kümmerten und sie mit ihren privaten Autos in eines der umliegenden Krankenhäuser brachten.

Als sie den toten Piloten aus dem Cockpit bargen, erkannten sie auf seiner stehengebliebenen Uhr die Zeit: 17 Uhr und fünf Minuten – das musste der Moment des Unglücks gewesen sein, als die Maschine auf dem Waldboden aufschlug.

»Wir wurden gegen 23 Uhr von einem anderen Trupp aus Köpenick abgelöst und fuhren zu unserer Wache zurück. Dort ging jeder sofort zu Bett. Ich machte die Augen zu und sah all die fürchterlichen Bilder wieder. Das war mir noch bei keinem Einsatz passiert. Nach einer halben Stunde stand ich auf. An Schlaf war nicht zu denken. Als ich in unseren Bereitschaftsraum kam, saßen dort auch alle meine Kollegen, die bei der Bergung am Flugzeug dabei waren. Sie rauchten stillschweigend. Niemand konnte in dieser Nacht schlafen. Mir gingen noch fast eine Woche lang die Bilder vom Unglück nicht aus dem Kopf. Eine seelsorgerische Betreuung, wie sie heute nach Katastrophen dieser Art angeboten wird, gab es damals nicht. Jeder hatte seine Methoden, das Erlebte zu verarbeiten. Meiner Frau konnte ich zu Hause nicht viel erzählen. Die wollte keine Details von den Einsätzen hören. Aber noch nach Wochen unterhielten wir uns darüber im Kollegenkreis, da jeder, der nicht dabei war, weil er Urlaub hatte, auf Weiterbildung oder krank war, genau wissen wollte, was wir dort erlebt hatten. Wie gesagt, einen Flugzeugabsturz habe ich vorher und auch später nie wieder erlebt, und so ging es sicher auch den allermeisten meiner Kollegen. Aus Sicht unserer Feuerwehrarbeit war der

Brand vor Ort überschaubar. Wir mussten löschen und bergen. Die Einsatzfläche war circa ein bis anderthalb Fußballfelder groß. Das Flugzeug war ja bereits im Landeanflug und hatte kaum noch Kerosin in den Tanks. Aber was die vielen Toten betrifft, so etwas habe ich in meinem ganzen Berufsleben, Gott sei Dank, nie wieder erleben müssen.«

21. Kolleginnen:
Frauen bei der Berufsfeuerwehr

Frauen – also Feuerwehrfrauen – habe ich in meiner aktiven Zeit kaum kennengelernt. Eine einzige Kollegin war damals bei der Ausbildung dabei. Die Arbeit bei der Feuerwehr ist immer noch zu 99 Prozent ein Männerjob. Ist auch besser so. Ich habe die Balzerei erlebt, als einmal eine Praktikantin bei uns war. Ganz selten sieht und trifft man in Deutschland eine Frau bei der Berufsfeuerwehr. Warum ist das so? Ganz einfach: Es gibt kaum welche! Von den 3600 Berliner Feuerwehrleuten gehören derzeit nur 20 dem weiblichen Geschlecht an. Die Feuerwehr ist im Unterschied zur Polizei oder der Bundeswehr fast noch eine reine Männerdomäne. Vor gut zwei Jahrzehnten ging in Berlin die erste Frau zur Feuerwehrschule. Zwanzig Jahre später gibt es genau zwanzig Frauen auf den Wehren der Hauptstadt – also im Schnitt ist eine Feuerwehrfrau pro Jahr dazugekommen.

»Dabei haben wir einige Vorteile gegenüber unseren männlichen Kollegen«, sagt Bianka Olm selbstbewusst, die heute als Pressesprecherin bei der Berliner Feuerwehr arbeitet. Bianka hat wie ihre männlichen Kollegen erst einen Beruf gelernt und dann die Feuerwehrschule in Schulzendorf besucht. Im Anschluss war die Brandmeisterin auf der Wache in Spandau-Süd. Dort wäre sie vermutlich noch heute, wenn sie nicht 2011 einen unverschuldeten Autounfall gehabt hätte, dessen Spätfolgen sie in der linken Schulter immer noch schmerzhaft spürt. Sie ist derzeit nur bedingt einsatzfähig, deshalb arbeitet sie gegenwärtig als einzige Frau im Team der Pressestelle.

Ich treffe Bianka Olm auf einen Kaffee in ihrem Büro in Mariendorf. Ihre langen blonden Haare hat sie elegant hochgesteckt. Im Dienst trägt sie Uniform: eine weiße Bluse, Krawatte und Schulterstücke mit zwei roten Balken – das Zeichen der Brandmeister.

Die alleinerziehende Mutter erzählt mir von ihrem Weg zur Feuerwehr. Schon in der Schule war die gebürtige Berlinerin in der Jugendfeuerwehr. »Wir nannten uns ›Kleine Brandschutzhelfer‹ – das war eine Arbeitsgemeinschaft, die sich zwei Mal in der Woche nach der Schule traf«, erzählt sie. Unter Anleitung von freiwilligen Feuerwehrleuten in Buchholz lernten die Jungen und Mädchen im Alter von acht bis zwölf Jahren spielerisch, wie man Schläuche ausrollt oder kleine Feuer löscht. »Dazu gab es einen Staffellauf. Es ging sportlich zu, und die Atmosphäre war wie im Ferienlager – das hat Spaß gemacht«, erinnert sie sich.

»Eigentlich wollte ich immer Kinderkrankenschwester werden, das klappte aber nicht, deshalb habe ich Einzelhandelskauffrau gelernt, bei Kaiser's und später bei Rossmann gearbeitet.« Aber der Wunsch, etwas im medizinischen Bereich zu machen, blieb.

Mit zwanzig Jahren heiratete sie, und ein Jahr später kam auch schon ihr Sohn auf die Welt. »Heute ist Kevin bereits 15 Jahre alt, aber immer noch mein Sonnenschein«, sagt Bianka nicht ohne Stolz.

Immer mal wieder bewarb sie sich in Krankenhäusern und machte unbezahlte Praktika. Aber als man hörte, dass sie bereits Mutter war, wollte man sie nicht einstellen. »Arbeiten können Sie hier gern – aber nicht mit Kind«, bekam sie zu hören. Das war hart. Doch aufgeben kam für Bianka nicht in Frage: So bewarb sie sich mit 28 Jahren bei der Berliner Feuerwehr, wo sie alle Tests von Mathe über Physik bis hin zum Sport bestand. »Achtzig Bewerber saßen in der Aula der Feuerwehrschule – am Ende blieben drei übrig«, sagt sie noch heute voller Stolz. Die zweijährige Ausbildung begann sie in einer Klasse mit 16 Schülern, davon zwei Frauen – nur sie und Susanne, die heute auf der Wache in Schöneberg arbeitet und zu ihrer besten Freundin wurde. »Klar wurden wir immer wieder belächelt von den Ausbildern oder unseren männlichen Mitschülern. ›Kann ich helfen?‹ waren noch die nettesten Worte.« Aber Bianka war es gewohnt, im Team mit Männern zu arbeiten. »Schon als Kind spielte ich gern Fußball – und wer da mit den Jungs mithält, wird schnell akzeptiert«, weiß sie aus Erfahrung.

Ausbildungserleichterungen gab es für die jungen Frauen gegenüber den männlichen Feuerwehrschülern nicht. »Wir mussten durch alles durch.« Nur einmal beim Hakenleitersteigen hat sie sich geweigert. »Dort gab es ganz oben ein morsches Brett, und ich habe dem Ausbilder gesagt, das mache ich jetzt nicht.« Sie war damals schon geschieden und lebte alleinerziehend mit ihrem Sohn. »Warum sollte ich hier etwas riskieren, was schwachsinnig war?« Hakenleitern waren schon zu diesem Zeitpunkt nicht mehr im Einsatz. Noch heute denkt sie an diesen Konflikt mit ihrem Ausbilder, der dann noch zynisch bemerkte, dass die Unfallversicherung in solchen Fällen 15 000 Euro zahlt …

Bianka gibt zu, dass besonders die körperlichen Anforderungen bei der Feuerwehr gerade für Frauen nicht zu unterschätzen seien. Aber auch ganz formale Hürden sind zu nehmen, wenn eine Frau anfängt auf einer Feuerwache zu arbeiten. Das merkte sie schon beim Einkleiden, als sie wie die Männer nur eine Badehose bekam. »Wenn es wenigstens zwei gewesen wären – eine für oben und eine für unten«, sagt sie schmunzelnd. Heute gibt es dafür einen finanziellen Zuschuss, so dass sich Frauen ihre Badebekleidung selbst kaufen können. Während ihrer ersten Praktika in Buckow und später in Spandau-Süd traten die nächsten Schwierigkeiten auf. Gibt es extra ein Frauen-WC oder eine Dusche? Wird ein Ruheraum nur für eine einzige Frau frei gemacht? Ich weiß aus eigener Erfahrung, dass es eine Reihe von Zugführern und Wachleitern gibt, die ganz bewusst keine Frauen in ihren Teams wollen. Da werden dann auch schnell die fehlenden sanitären Anlagen als Grund bemüht. Die wahren Gründe sind aber oft andere: Entweder wird die Kollegin angemacht, weil sie so hübsch ist – und ehe man sichs versieht, beginnt die Balzerei. Oder wenn sich die Kollegin, was fast noch schlimmer ist, mal mit diesem oder jenem Kollegen einlässt, hat sie schnell ihren guten Ruf verloren. Kumpeltypen, die wissen, was sie wollen, und die auch als Frau ihren Mann stehen können, so wie Bianka, haben da schon die besten Karten. Aber bitte nicht zu männlich, nicht zickig und keine Tussi sein …

Auch psychisch sollten Frauen bei der Feuerwehr nicht zu zart besaitet sein, herrscht doch auf einigen Wachen ein recht rauer Umgangston. »Da es keine Tabuthemen gibt, muss man als Frau locker sein und manche Dinge auch überhören. Ich mache ja jeden Spaß gern mit, aber ständig als …otze angesprochen zu werden, das ging auch mir zu weit«, resümiert Bianka eine ihrer negativen Praktikumserfahrungen. »Es gab Kollegen, die schauten sich in den Ruhepausen ein Pornofilmchen nach dem anderen an. Okay – das ist halt so –, aber Beleidigungen unter der Gürtellinie gehen gar nicht«, stellt sie fest.

Zur Stimmung auf der Wache hat Bianka die gleiche Einstellung wie ich. »Wir sind dort 24 Stunden zusammen, und der Spaßfaktor sollte nicht zu kurz kommen. Man treibt zusammen Sport, fährt Fahrrad, geht angeln oder spielt Volleyball oder Fußball und erzählt sich sehr viel – auch Privates«, sagt sie. Und wie eng ihre Bindung zur Heimatwache in Spandau nach wie vor ist, merkt sie zum Beispiel an ihrem Geburtstag, wenn sich die Kollegen melden, ihr gratulieren oder kleine Geschenke schicken. »Wir treffen uns auch oft in der Freizeit. Die Feuerwehr ist wie eine große Familie.« Aber liiert möchte sie dennoch nicht mit einem ihrer Kollegen sein, »obwohl es immer mal wieder Avancen gegeben hat«, betont Bianka, die von einigen Feuerwehrleuten auch »Hansi« gerufen wird, weil sie denselben Familiennamen trägt wie der Komiker Hans Werner Olm. »Mit dem bin ich aber weder verwandt noch verschwägert«, gibt sie zu Protokoll. »Angemacht wird man immer wieder – nur wer damit umzugehen weiß und auch klar nein sagen kann, kommt gut durch.«

Liebesbeziehungen auf der Wache sind ein eigenes Kapitel. Als ich damals meine zweite Frau Marga auf der Wache kennen- und später lieben lernte – sie war dort Rettungsassistentin –, wurde ich nach Pankow versetzt. So kann's kommen.

»Als Feuerwehrfrau bleiben einem auch die harten Fälle nicht erspart«, erinnert sich Bianka und erzählt vom Einsatz mit dem Stichwort »Wasserschaden«, den eine ältere Dame in einem Mietshaus gemeldet hatte, weil es feuchte Stellen an ihrer Decke gab. »Als wir die Tür in die Wohnung über ihr zwangsweise öffneten, schlug uns schon dabei ein übler Geruch entgegen. Es war klar, hier ging es nicht um einen Wasserschaden. Wir fanden einen toten beleibten Mann, den die Katzen schon angenagt hatten und der regelrecht auslief.« Daher rührte der nasse Fleck an der Decke der alten Dame. Ein Kollege wollte Bianka unpassend necken und forderte sie auf, doch zu untersuchen, ob der Mann wirklich tot sei. »Ich habe schon Mund-zu-Mund-Beatmung versucht«, entgegnete Bianka trocken, »keine Chance mehr.« Bei so viel Chuzpe wird auch der letzte Provokateur ruhig … Das Bild und der Geruch des Toten blieben Bianka bis heute in Erinnerung.

Ein anderer Fall, der Bianka Olm bis heute nicht aus dem Kopf geht, war ein Brand in einer stark verschmutzten Spandauer Wohnung. »Dort lebten richtige Messies. Es gab keine Betten, nur Matratzen auf dem Fußboden.« Der Brand brach im Zimmer der Kinder aus, nachts um zwei Uhr, als die Mutter der etwa elfjährigen Geschwister unterwegs war. Sie war noch ordentlich aufgemotzt und fragte Bianka, als der Brand gelöscht war, ob das Kaninchen überlebt hätte. Auf der anderen Straßenseite saßen ihre Kinder und weinten. »Da bin ich fast ausgerastet. ›Haben Sie noch alle Latten am Zaun?‹«, schrie sie die Frau an, und nur der Zugführer konnte sie zurückhalten, sonst wäre sie noch ausfälliger geworden. »Mich traf das besonders, weil ich selbst Mutter bin. Da kommt diese Frau nachts von einer Party zurück, die Wohnung hat gebrannt, und sie fragt zuerst nach dem Kaninchen und kümmert sich nicht um ihre Kinder! Unglaublich«, sagt sie, noch immer erbost.

Schade findet Bianka nur, dass sich die Einstellung vieler Feuerwehrleute zur Arbeit verschlechtert hat. »Viele meckern nur noch und gehen nicht mehr mit Freude in die Wache – die Stimmung sinkt, durch beschnittene Freiheiten, immer neue Verordnungen, Rotationen und das Auseinanderreißen bewährter Teams.« Dabei könnten sich einige etwas von Biankas Motto abschauen: »Lache, und die Welt lacht mit dir.«

»Klar gibt es zu wenige Frauen bei der Feuerwehr – aber das müsste nicht so sein«, ist Bianka Olm überzeugt. Sie fordert deshalb ein Umdenken, denn Frauen sind in der Regel einfühlsamer, was bei Geburten ebenso von Vorteil sein kann wie bei Handgreiflichkeiten. Oder mit Blick auf den zunehmenden Anteil der muslimischen Bevölkerung meint sie: »Glaubst du, eine Frau mit Kopftuch würde ihre Platzwunde von einem Feuerwehrmann behandeln lassen?« Sie möchte deshalb mit ihrem Beispiel ihren Geschlechtsgenossinnen Mut machen, sich mehr zuzutrauen, und wenn junge Mädchen körperlich fit sind und keine Angst vor Männerdomänen haben, sollen sie sich bei der Feuerwehr bewerben. »Wir können nur mehr werden!«, sagt Bianka zum Abschied.

22. 15 Jahre, 15000 Einsätze

Klar habe ich immer mal wieder überlegt, meine kaputten Knie operieren zu lassen, um wieder in den aktiven Dienst der Berliner Feuerwehr zurückkehren zu können. Mir fehlt die Arbeit, und mir fehlen auch die netten Kollegen, weil es irgendwie meine zweite, ja, manches Mal sogar meine erste Familie war, und das nicht nur, weil ich auf der Wache meinen eigenen Hausstand mit Bettwäsche, Geschirr und vielen privaten Dingen hatte.

15 Jahre bei der Feuerwehr, mit 15000 Einsätzen und dann mit Ende dreißig in den Ruhestand – das lässt keinen kalt, der seinen Beruf wirklich liebt.

Feuerwehrmann ist kein gewöhnlicher Beruf wie jeder andere, wo nach acht Stunden der Hammer fällt. Meine Exkollegen sagen heute zwar oft: »Mensch, Asche, du würdest einen Kulturschock erleben – das Leben auf den Wachen hat sich gewaltig gewandelt und ist nicht mehr so, wie du es kanntest.«

Sicher, den Großteil der Kollegen verliert man, wenn man einmal die Feuerwehr verlassen hat, nach

Jahren aus den Augen. Doch einige meiner besten Freunde, also richtige Männerfreundschaften, sind bis heute geblieben. Mit diesen sechs, sieben Freunden treffen wir uns regelmäßig zum Grillen oder bei Geburtstagen. Manchmal fahre ich sie auch einfach nur auf der Wache besuchen, um mit ihnen zu quatschen: »Wie läuft es zu Hause? Was gibt's Neues?«

Ich habe diesen Beruf immer geliebt. Und rückblickend war es eine meiner besten Entscheidungen im Leben, zur Feuerwehr zu gehen. Deshalb würde ich es vermutlich immer wieder so machen, und wenn die richtigen Leute zusammenkommen, warum sollten sie nicht auch heute Spaß miteinander auf der Wache haben? Mir war der menschliche Faktor immer immens wichtig. Selbst die schönste Arbeit kann einem mit doofen Leuten verdorben werden.

Ich bin damals Feuerwehrmann geworden, weil ich Menschen helfen wollte. Der Kontakt zu anderen Menschen war mir immer extrem wichtig. Wer in Not ist – egal ob reich oder arm, jung oder alt –, hat die gleichen Ängste. Schon mit kleinen Gesten, einem Lächeln oder einfühlsamen Worten kann man vielen Menschen in ihrer Not etwas weiterhelfen. Locker bleiben ist wichtiger, als sklavisch an den Vorschriften zu kleben.

Es ist ein wirklich gutes Gefühl, einen Beruf auszuüben, der sinnvoll ist, mit dem man Menschen helfen kann. Wir haben nächtelang geackert, sind ununterbrochen mit dem Rettungswagen von einem Ende des Stadtbezirks zum nächsten gefahren, haben Feuer bekämpft, Menschen gerettet und waren am Morgen völlig fertig. Klar war es anstrengend – aber es hat uns Spaß gemacht! Meine Arbeit bei der Feuerwehr machte mich nie »oll«, wie es der Berliner gern flapsig sagt. Auch wenn's oft todernst war – nach den Einsätzen wurde wieder gelacht, und weiter ging's …

Deep Web - Die dunkle Seite des Internets
221 Seiten
ISBN 978-3-351-05010-8

Willkommen im Deep Web

Keiner weiß es. Es ist 40-450 Mal so groß wie das sichtbare Internet.
Eine digitale Parallelwelt. Das Meiste ist endlose Datenödnis. Aber
dazwischen sind anonyme Hochburgen des beinahe rechtsfreien
Raums. Hier hinterlässt man keine Spuren, bleibt unauffindbar – Das
Deep Web ist die letzte terra incognita dieser Erde.
Deep Web erklärt, wie es funktioniert, wie man hineinkommt, wer
sich dort herumtreibt und warum. Denn was Snowden und Assange
und vielen anderen den geheimen Datenaustausch und abhörsichere
Kommunikation ermöglicht, ist gleichzeitig einer der größten
Umschlagplätze für illegale Waren.
Alle Daten sind hochaktuell, es gibt exklusive Gesprächspartner,
Cybercrime-Beamte des BKA, Politiker und Staatsanwälte, Hacker,
Nerds und Leute, die lieber im Dunkeln bleiben wollen.

**Mehr Informationen erhalten Sie unter www.aufbau-verlag.de oder in Ihrer
Buchhandlung.**

STEFAN LUKSCHY
Der Glückliche schlägt keine Hunde
Ein Loriot Porträt
345 Seiten
ISBN 978-3-351-03540-2
Auch als E-Book erhältlich

Vicco ante portas

Ihr Hund kann überhaupt nicht sprechen? Macht nichts, dafür können Sie das Porträt eines der beliebtesten Humoristen Deutschlands lesen. Stefan Lukschy, langjähriger Weggefährte und enger Vertrauter Loriots, erzählt voller Respekt, Witz und Liebe von dem Mann, der die Deutschen das Lachen gelehrt hat.

Loriots Sketche sind Teil des kollektiven Gedächtnisses geworden – wer kann sich heute noch eine Liebeserklärung ohne Nudel vorstellen? Stefan Lukschy lernte Vicco von Bülow 1975 kennen, als er dessen Regieassistent wurde. Aus dieser Zusammenarbeit entwickelte sich eine langjährige Freundschaft -- bis zu Loriots Tod im Jahr 2011. Beide verband nicht nur ihre Liebe zur Komik, sondern auch die Faszination für die Musik, insbesondere für die Oper. Lukschy erzählt, wie er als langhaariger Student aus Berlin den »preußischen Edelmann« in Ammerland kennen lernte. Er schildert den für seinen Perfektionismus berüchtigten Künstler ebenso wie den Privatmann Loriot, der seinen Freunden ein inniger und loyaler Vertrauter war.

Mehr Informationen erhalten Sie unter www.aufbau-verlag.de oder in Ihrer Buchhandlung.

PETER ENSIKAT, DIETER HILDEBRANDT
Wie haben wir gelacht
Ansichten zweier Clowns
214 Seiten
ISBN 978-3-351-02760-5
Auch als E-Book erhältlich

Willkommen zum Gipfeltreffen des Humors

Dieter Hildebrandt und Peter Ensikat gelten mit Fug und Recht als die einflussreichsten Kabarettisten der Gegenwart. Für dieses Buch haben die beiden Bühnen- und Lebensprofis einen ganz und gar unernsten Streifzug durch mehr als ein halbes Jahrhundert Lach- und Sachgeschichte in Deutschland unternommen – scharfsinnig, amüsant und einfach fabelhaft.

Als Begründer der »Lach- und Schießgesellschaft« und jahrzehntelanger Kopf der Sendung »Scheibenwischer« hat Dieter Hildebrandt Zensur und politische Einflussnahme ebenso erlebt wie Peter Ensikat als der meistgespielte Kabarett-Autor der DDR. Auf ihren Reisen in den jeweils anderen Teil Deutschlands konnten beide erfahren, wie das Publikum auf Witze, made in West bzw. East Germany, reagierte – und die Frage, ob Franz Josef Strauß besser zu karikieren war als Walter Ulbricht, ist auch noch ungeklärt. Deshalb haben Ensikat und Hildebrandt für dieses Buch einander von ihren Lebens- und Bühnen Erfahrungen erzählt und die ultimativen Ossi- bzw. Wessiwitze ausgetauscht.

»Je schwächer das Gedächtnis, desto schöner die Erinnerungen.« Peter Ensikat

Mehr Informationen erhalten Sie unter www.aufbau-verlag.de oder in Ihrer Buchhandlung.

Goodbye, DDR
Erinnerungen an den Mauerfall
Herausgegeben von Elke Bitterhoff
304 Seiten
ISBN 978-3-351-03582-2
Auch als E-Book erhältlich

Prominente erzählen von ihrem Mauerfall

In der Nacht des Mauerfalls verlässt Regina Ziegler eine Geburtstagsparty und feiert lieber am Brandenburger Tor. Gregor Gysi legt den Hörer wieder auf und bleibt im Bett. Anja Kling sitzt im bayrischen Auffanglager. Prominente erzählen, was sie in der Zeit des Umbruchs erlebt, gedacht und gefühlt haben.

Dass Angela Merkel am Abend des 9. November 1989 in der Sauna war, ist weitgehend bekannt. Aber wie haben andere Prominente dieses legendäre Ereignis erlebt? Rainer Eppelmann hebt persönlich den Schlagbaum an der Bornholmer Straße, während Jochen Kowalski noch seine Arie zu Ende singt. Doch es geht nicht nur um diese Nacht, sondern um das Gefühl dieser Wochen, die Euphorie und die Zweifel, die sich einstellten. Prominente aus Ost und West, aus Kultur, Wirtschaft und Politik erzählen, wie sie diese Zeit erlebten. Spannende, lustige, tragische, ungewöhnliche und in jedem Fall sehr persönliche Erinnerungen. Sie alle sind Zeugen eines Ereignisses, das die Welt verändert hat.

Mehr Informationen erhalten Sie unter www.aufbau-verlag.de oder in Ihrer Buchhandlung.

aufbau